DEVELOPMENT AND SAFETY REGULATION OF
GENE EDITTED PLANTS

基因编辑植物研发与安全管理

王旭静 焦 悦 主编

中国农业科学技术出版社

图书在版编目（CIP）数据

基因编辑植物研发与安全管理 / 王旭静，焦悦主编. --北京：中国农业科学技术出版社，2024. 12. -- ISBN 978-7-5116-6927-8

Ⅰ. S188

中国国家版本馆 CIP 数据核字第 2024A8P887 号

责任编辑　贺可香　崔改泵
责任校对　李向荣
责任印制　姜义伟　王思文

出 版 者	中国农业科学技术出版社
	北京市中关村南大街 12 号　　邮编：100081
电　　话	（010）82109708（编辑室）　（010）82106624（发行部）
	（010）82109709（读者服务部）
网　　址	https://castp.caas.cn
经 销 者	各地新华书店
印 刷 者	北京建宏印刷有限公司
开　　本	170 mm×240 mm　1/16
印　　张	7.75
字　　数	130 千字
版　　次	2024 年 12 月第 1 版　2024 年 12 月第 1 次印刷
定　　价	80.00 元

◆◆◆ 版权所有·侵权必究 ◆◆◆

《基因编辑植物研发与安全管理》
编委会

主　编　王旭静　焦　悦
副主编　王志兴　唐巧玲
编　委　张晓春　刘　璇　崔宇欣　张轩铭

目 录

第一章　基因编辑技术简介 ·· 1
　　一、基因编辑技术概念及原理 ································· 1
　　二、基因编辑技术的演进历程 ································· 3
　　三、基因编辑技术的种类 ······································ 4
　　四、CRISPR/Cas 衍生技术 ····································· 18
　　五、基因组编辑对植物基因组修饰的种类 ················· 23

第二章　基因编辑技术在农业上的应用 ························ 25
　　一、基因编辑技术在育种技术上的应用 ···················· 25
　　二、基因编辑技术在作物性状改良中的应用 ·············· 32

第三章　基因编辑植物的安全管理 ······························ 49
　　一、国际基因编辑植物安全管理 ····························· 50
　　二、中国基因编辑作物安全管理 ····························· 65

第四章　基因编辑植物的检测技术 ······························ 75
　　一、酶错配切割法 ··· 77
　　二、临界退火温度 PCR ······································· 78
　　三、实时荧光 PCR 方法 ······································ 78
　　四、微滴数字 PCR ··· 79
　　五、基于 CRISPR/Cas 的检测方法 ··························· 82
　　六、其他检测方法 ··· 86

参考文献 ·· 89

第一章 基因编辑技术简介

基因编辑作为生物育种领域的颠覆性新技术，可以在基因组水平实现对目标性状的精准改良，被《科学》杂志评为2012年、2013年、2015年和2017年十大科学进展之一。随着技术研发的不断深入，基因编辑技术优势凸显，并逐渐转化为产业优势，比传统育种技术简单、高效、精确，将颠覆传统育种模式，在植物育种领域显示了广阔的前景，对全球种业产生革命性影响，已成为美欧等发达国家相关研究机构和国际农业生物技术巨头公司新一轮的研发与投资重点，将对全球种业技术迭代升级与产业格局产生革命性影响，成为世界各国抢占未来种业科技战略的制高点。

一、基因编辑技术概念及原理

基因编辑技术是通过序列特异核酸酶对基因组特定序列（基因）进行靶向修饰的基因工程技术。序列特异核酸酶又叫位点特异核酸酶，是由能够特异性识别DNA序列的DNA结合结构域（导航系统）和核酸内切酶结构域（分子剪刀）两个功能模块组成，能够特异性切割靶标DNA。基因编辑技术能像文字编辑一样对基因碱基进行定点修饰和改变，包括碱基替换、插入和缺失。

基因编辑技术的基本原理是分子剪刀在导航系统的引导下，在基因组的特定靶位点切割DNA双链，造成DNA双链断裂，诱导DNA的损伤修复机制（修理匠），以同源重组修复（homology directed repair, HDR）或非同源末端连接（non-homologous end joining, NHEJ）的方式修复断裂的

DNA双链，这样通过导航系统—分子剪刀—修理匠间的配合实现对基因组的定向编辑，并筛选获得有利变异（图1-1）。

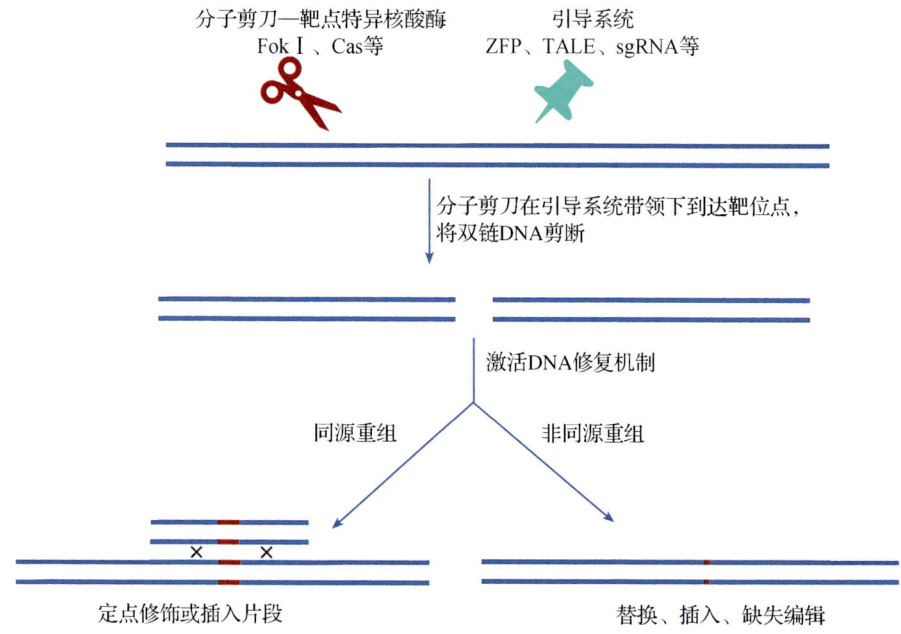

图1-1 基因编辑工作原理示意图

农业育种从最初人工驯化1.0版逐步迭代升级，发展到了现在的基因编辑等智能设计育种4.0版（图1-2）。基因编辑技术与诱变育种和杂交育种等2.0版传统技术相比，具有很大优势：一是精确性高，可以通过设计sgRNA或DNA结合结构域的序列对基因组的任意位点进行精确操作，原则上适用于任意物种；二是技术操作简便、成本相对低廉；三是效率高，通常从几个或十几个转化株系中就能筛选到符合要求的基因突变材料；四是可以克服物种间生殖隔离，加快育种进度。与3.0版的转基因育种相比，除了进行基因插入操作的基因组编辑技术外，大部分的基因组编辑技术只在遗传转化过程涉及外源DNA的导入，且在对靶标基因进行定点修饰后，从后代中筛选获得只有目标基因突变而不含有外源表达载体的株系。

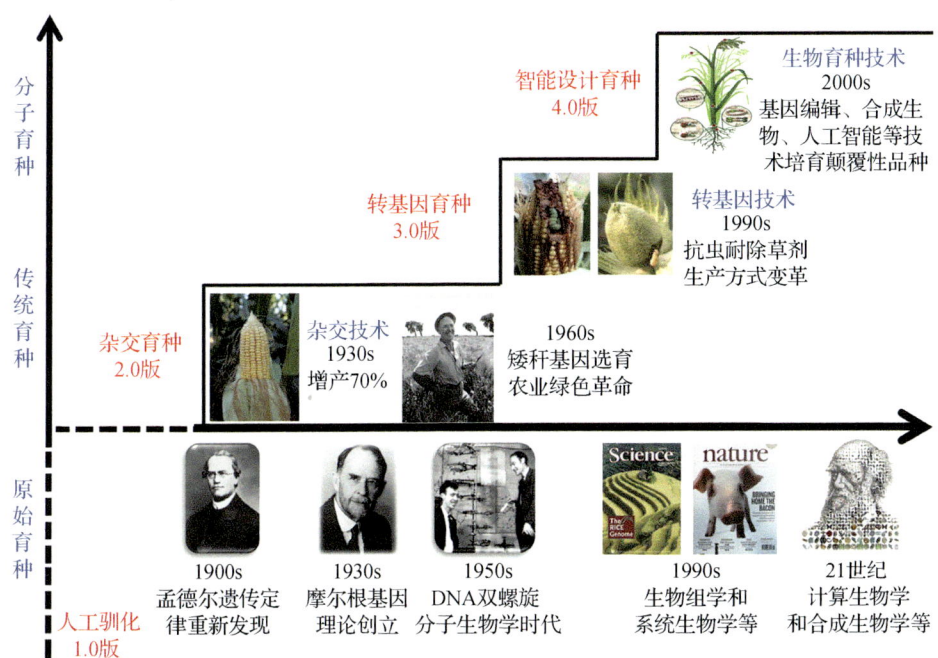

图 1-2 农作物育种发展史（林敏，2021）

二、基因编辑技术的演进历程

基因编辑技术的发展可追溯到基因打靶技术，基因打靶技术可以对真核细胞的基因组进行修饰，即将外源 DNA 引入细胞后，细胞可以通过同源重组的方式在染色体靶位点进行重组。但在真核生物中同源重组的效率非常低，一般只有 $10^{-7} \sim 10^{-6}$，这限制了基因打靶技术在基因组修饰中的应用。1988 年，Rudin 和 Haber 报道了在酵母中通过 HO 核酸内切酶引入位点特异性 DNA 双链断裂（Double-stand breaks，DSBs）可以提高基因打靶的效率（Rudin & Haber，1988）。同年，Paszkowski 等（1988）首次利用基于同源重组的基因打靶技术成功修复了烟草基因组中缺失功能的外源基因（*APHII*）。1994 年，Rouet 等在小鼠细胞中表达酿酒酵母的核酸内切酶 I-*Sce*I，诱导产生 DNA 双链断裂，发现小鼠细胞通过同源重组和非同源末端连接的方式有效修复 DSB，实现了小鼠细胞的靶向遗传修饰（Rouet et al.，1994）。这些研究揭开了人们在靶向编辑领域的序幕。

归巢核酸内切酶（Meganuclease）是最早用于产生位点特异性双链 DNA 断裂的第一类内切核酸酶，识别位点为 14~40 个碱基对的双链 DNA 序列，是最早用于基因编辑的编辑工具，于 1990 年应用于基因修饰，但因为识别的 DNA 序列有限，切割位点在基因组中通常只出现一次，具有高特异性和低细胞毒性的特点，限制了其在基因编辑领域的应用。

20 世纪 90 年代初，约翰·霍普金斯大学的生物化学家发现，FokⅠ是一种ⅡS型限制酶，可以被蛋白酶分解为一个 DNA 结合结构域和一个 DNA 切割核酸酶结构域。通过将 FokⅠ核酸酶结构域融合到 DNA 结合蛋白上，可以产生一种新的序列特异性核酸酶。据此，研发者们成功开发出基因编辑工具锌指蛋白核酸酶 ZFNs 和类转录激活因子效应物核酸酶 TALENs。2012 年，研究者们又研发出了 CRISPR/Cas 技术，2016 年以碱基编辑技术为代表的编辑工具率先实现将 CRISPR-Cas 系统从切割 DNA 的"剪刀"变为能改写特定碱基的"铅笔"，2019 年在此基础上开发出了可以实现四种碱基的任意替换和短片段 DNA 的精准插入或删除的全新引导编辑技术（图 1–3）。

三、基因编辑技术的种类

目前，在作物遗传改良上应用的基因编辑技术主要包括锌指核酸酶（Zinc finger nucleases，ZFNs）、类转录激活因子效应物核酸酶（Transcription activator-like effector nucleases，TALENs）、成簇规律间隔短回文重复与 Cas 蛋白（Clustered regularly interspaced short palindromic repeats，CRISPR/Cas）及其衍生技术等，应用最多的是 CRISPR/Cas 及其衍生技术。

（一）锌指核酸酶（ZFNs）技术

锌指核酸酶是通过基因工程方法将锌指蛋白 DNA 结合结构域和核酸内切酶 FokⅠ的 DNA 切割结构域融合而成，以二聚体形式发挥位点特异切割功能的工程核酸酶（Kim et al.，1996）。Cys2-His2 锌指蛋白（zinc-fingers，ZFs）是在真核生物中广泛存在的一类转录因子，通过 Cys2-His2 锌指结构域与 DNA 结合，最早是在非洲爪蟾卵母细胞蛋白质转录因子

IIIA 发现的（Miller et al., 1985）。ZFs 有一个 α 螺旋和两个反向的 β 平行形成紧密的 β-β-α 结构，能特异性识别 3 个连续的碱基对。在 ZFNs 中，DNA 结合域一般由 3～6 个 Cys2-His2 锌指蛋白串联构成，每个锌指蛋白由 30 个氨基酸结合一个锌原子组成，以模块化的方式识别并结合 DNA 单链上特异的 3 个连续脱氧核糖核苷酸，将 3～6 个锌指蛋白连接，就能识别基因组 DNA 上连续的 9～18 个碱基（Kim et al., 1996）。作为剪切域的 Fok I 是一种 Type II S 限制核酸酶，Fok I 单体本身没有剪切作用，只在形成二聚体后才具备核酸酶活性，可以切割 DNA 双链而产生双链 DNA 断裂（图 1-4）。在实际应用中，在保持锌指蛋白基本骨架不变的情况下，根据靶位点两侧序列设计锌指蛋白单元，将这些单元串联起来形成一对具有特定靶向性的锌指蛋白，并且二者结合序列的间隔区域保持在 6～8 bp 以确保 Fok I 二聚体的形成。ZFN 利用锌指蛋白的 DNA 结合域特异性的结合到靶位点的 DNA 序列，2 个 Fok I 相互作用形成二聚体，在靶点处对双链 DNA 进行切割，造成双链 DNA 的断裂，进而利用细胞内的同源重组或非同源末端连接等修复机制实现对靶基因的编辑。

ZFNs 最早是在 1996 年由 Kim 等报道，他们首次人工将锌指蛋白连接到 Fok I 核酸内切酶的切割结构域融合形成了位点特异性核酸内切酶，并证明此人工合成的核酸内切酶在体外能以序列特异性方式切割 DNA。2001 年，Bibikova 等在非洲爪蟾卵母细胞中证明具有特异性的 ZFNs 对合成的染色体具有很高的剪切和重组活性，随后他们利用针对基因组靶标设计的 ZFNs 实现了果蝇体细胞特定基因（黄色基因）的定点诱变和定点基因替换。此后，研究者们开始利用 ZFNs 对基因组进行定向编辑。2005 年，Lloyd 等在拟南芥中利用 ZFNs 对基因进行定向突变，获得了 10% 的突变植株。2009 年，Townsend 等利用 ZFNs 对烟草中的乙酰乳酸合酶基因（*ALS SuRA*、*SuRB*）进行编辑，获得了抗咪唑啉酮和磺酰脲除草剂的基因编辑烟草。同年，Shukla 等（2009）报道了利用 ZFNs 技术在编码肌醇-1,3,4,5,6-五磷酸 2-激酶的基因 *IPK1*（inositol-1,3,4,5,6-pentakisphosphate 2-kinase）中引入 DSB，并插入耐除草剂基因，获得了耐除草剂转基因玉米。

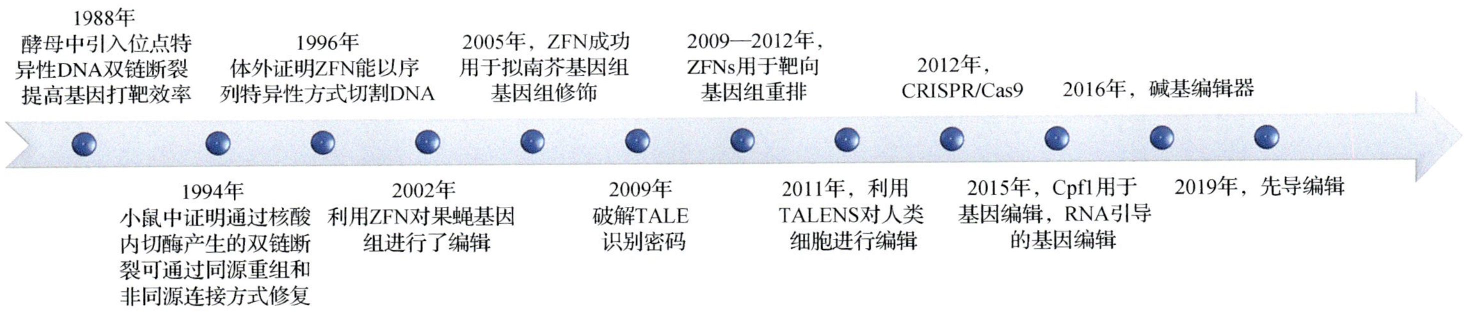

1988年
酵母中引入位点特异性DNA双链断裂提高基因打靶效率
1994年
小鼠中证明通过核酸内切酶产生的双链断裂可通过同源重组和非同源连接方式修复
1996年
体外证明ZFN能以序列特异性方式切割DNA
2002年
利用ZFN对果蝇基因组进行了编辑
2005年，ZFN成功用于拟南芥基因组基因组修饰
2009年
破解TALE识别密码
2009—2012年，ZFNs用于靶向基因组重排
2011年，利用TALENS对人类细胞进行编辑
2012年，CRISPR/Cas9
2015年，Cpf1用于基因编辑，RNA引导的基因编辑
2016年，碱基编辑器
2019年，先导编辑

图 1-3　基因编辑技术的发展历程

Fok Ⅰ
ZF ZF ZF
ZF ZF ZF
Fok Ⅰ

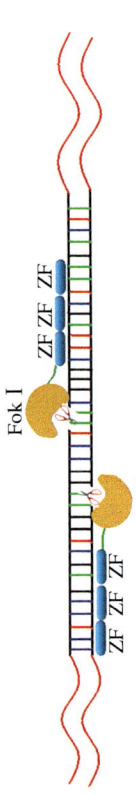

图 1-4　ZFNs 基因编辑技术原理示意图

虽然 ZFNs 技术可以实现 DNA 的靶位点修饰，但其靶点选择受到限制，并不是任意连续的 3 个碱基组合都有对应的锌指蛋白单元；靶点序列识别过程中存在"上下文效应"，即锌指蛋白对 3 连碱基的识别特异性受其相邻锌指蛋白单元的影响，编辑效率一般只有 1%～10%，容易造成脱靶；而且 ZFNs 的合成设计相对复杂，技术难度大，费用昂贵，一般实验室难以实施；这些缺陷阻碍了 ZFNs 技术的广泛应用。

（二）TALENs 技术

TALENs 是继 ZFNs 之后研发的基因编辑技术，TALEN 的结构与 ZFN 相似，也由 DNA 结合域和 Fok I 的切割结构域融合而成，其中 DNA 结合结构域来源于 TALE（Transcription activator-like effector）。TALE 是由黄单胞属 *Xanthomonas* 植物致病细菌产生的一类具有转录激活功能的植物效应蛋白，1989 年首次从野油菜辣椒斑点病菌发现了 TALE 蛋白 AvrBs3。TALE DNA 结合域由 13～28 个保守的重复单元组成，每个重复单元通常由 33～35 个氨基酸组成，重复单元的第 12 和第 13 位氨基酸高度可变，这两个可变的氨基酸组合被称为重复可变区（repeat variable di-residue，RVD），RVD 决定重复单元的 DNA 识别特异性（Cong et al.，2012；Streube et al.，2012）。2009 年，Boch 等和 Moscou 等相继破解 RVDs 与核苷酸碱基之间的识别密码，即 NI（Asn/Ile）或 NN（Asn/Asn）识别 A，NG（Asn/Gly）识别 T，HD（His/Asp）识别 C，NN（Asn/Asn）或 NK（Asn/Lys）识别 G。这样，TALE 的每个重复单元识别一个碱基，通过"一个重复单位一个核苷酸"的识别密码方式特异识别并结合 DNA，打开了人工构建靶向基因组任意位点 TALENs 的大门。

TALENs 的工作原理也与 ZFN 相似，TALE 重复区的每个重复单元能特异识别一个特定的核苷酸碱基，多个重复单元串联后就能特异识别较长的核苷酸序列。在利用 TALENs 进行基因编辑时，根据靶点两侧序列设计一对 TALENs，结合到对应的识别位点后，两个 Fok I 单体相互作用形成二聚体，对靶位点进行切割，实现基因组编辑的目的（图 1-5）。2011 年 Sangamo BioSciences 公司和哈佛大学的研究人员利用 TALENs 成功敲除了人类细胞靶向基因和调控内源性基因的转录,证明了 TALENs 具有编辑靶基因的能力。2011 年和 2012 年相继报道了利用 TALENs 成功对拟南芥和水稻中的靶标基因进行了编辑。迄今为止,已对玉米、小麦、大麦、烟草、大豆、马铃薯和番茄等 12 种植物中的 50 多个基因进行了成功编辑。

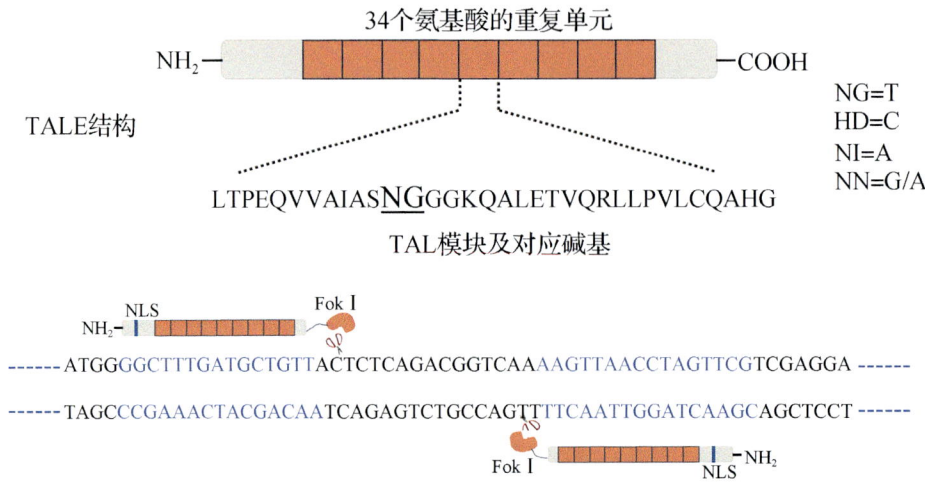

图 1-5 TALENs 技术原理示意图

与 ZFNs 相比,TALENs 技术不受基因序列、细胞和物种限制;重复单元与核苷酸碱基间存在一对一的识别模式,序列识别不受上下游影响,DNA 识别特异性更强;编辑效率高,约 30%,脱靶效率低,靶位点设计简单准确。

(三) CRISPR/Cas 技术

1. CRISPR/Cas 系统

CRISPR/Cas 技术是继 ZFNs 和 TALENs 技术之后出现的基因组编辑技术,2013 年被 Science 作为 SSNs 技术的新星列入年度十大科学进展。CRISPR/Cas 系统是一种 RNA 介导的获得性免疫系统,存在于许多细菌和大多数古生菌中,通过对入侵的噬菌体、病毒和核酸等进行特异性识别,利用 Cas 蛋白进行切割,从而达到自身的免疫。CRISPR/Cas 系统由 CRISPR 序列与关联蛋白 Cas 组成。CRISPR 由前导区（Leader）、高度保守的重复序列（repeat）与间隔序列（spacer）相间排列组成，前导区一般位于 CRISPR 簇上游，富含 AT 碱基，被认为是 CRISPR 簇的启动子序列；重复序列的长度一般为 21～48 bp，含有 5～7 bp 的回文序列，转录产物可以形成发卡结构，稳定 RNA 的整体二级结构；间隔序列一般为 26～72 bp，来源于捕获的外源 DNA 片段，CRISPR 通过间隔序列与靶基因进行识别。Cas 存在于 CRISPR 位点附近，是一种双链 DNA 核酸酶，能对靶位点进行切割，产生双链断裂（图 1-6）。

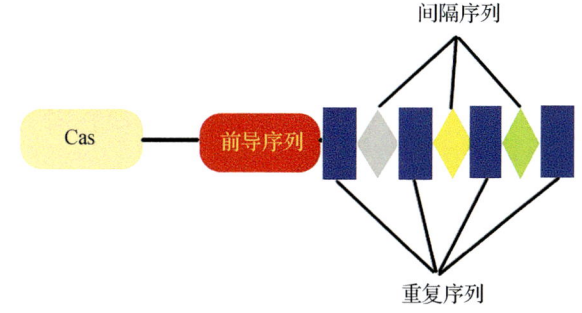

图 1-6 CRISPR-Cas 位点结构图

2. CRISPR/Cas 技术发展史

1987 年，日本大阪大学在 K12 大肠杆菌的碱性磷酸酶基因附近发现串联间隔重复序列（Ishino et al., 1987），1993 年发现 CRISPR 序列广泛存在于细菌和古细菌基因组中，2002 年该重复序列第一次被命名为 CRISPR（Jansen et al., 2002）。2005 年发现 CRISPR 的间隔序列与宿主菌的染色体外的遗传物质高度同源，推测细菌可能通过 CRISPR 系统抵抗外源遗传物质入侵（Bolotin et al., 2005）。随后发现 CRSIPR 与病毒或噬菌体序列高度同源，2007 年证实 CRISPR 控制细菌先天免疫（Barrangou et al., 2007）。在 CRISPR 附近区域还存在高度保守的 CRISPR 相关蛋白 Cas，并证明 Cas 蛋白具有核酸酶功能，2012 年体外证实 Cas 蛋白可以对 DNA 序列进行特异性切割，2013 年证实 CRISPR/Cas 可以用于植物基因编辑（图 1-7）。自此 CRISPR/Cas 基因编辑技术成为人们研究的热点。

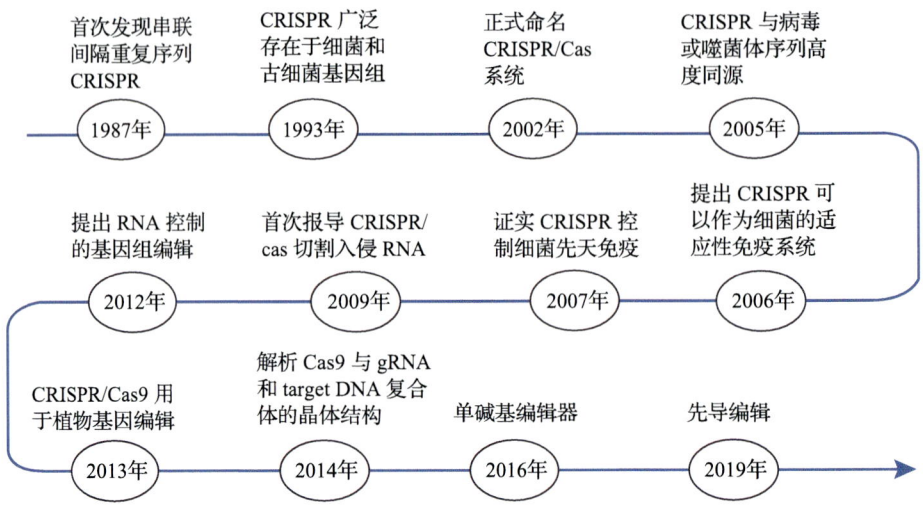

图 1-7 CRISPR/Cas 技术的发展史

3. CRISPR/Cas 系统的工作原理

CRISPR/Cas 系统在细菌中发挥作用,产生适应性免疫大概需要经历 3 个阶段(Hale et al., 2009),第一个阶段是捕获外源 DNA 制作黑名单,细菌第一次受到噬菌体或病毒等的入侵时,细菌就会沿着入侵的外源 DNA 扫描,寻找相当于入侵者"名字"的 PAM 序列(protospacer adjacent motif, PAM)和身份证的原间隔序列(protospacer)。原间隔序列是被细菌捕获的一段外源 DNA 序列,与 CRISPR 中的间隔序列相对应。PAM 序列称为原间隔序列临近基序,是原间隔序列两端高度保守的 2~5 个碱基,一般与原间隔序列间隔 1~4 bp。当 CRISPR/Cas 系统扫描到候选 PAM 序列后就将其临近的原间隔序列切割下来,并作为新的间隔序列(档案信息)整合到细菌 CRISPR 基因座中。第二个阶段为 CRISPR 基因座的表达,在前导区的调控下,系统将整个 CRISPR 序列转录形成长的前体 CRISPR RNA(pre-CRISPR-derived RNA,pre-crRNA),同时转录出与 pre-crRNA 中重复序列互补配对的反式激活 crRNA(trans-acting crRNA,tracrRNA)。pre-crRNA 和 tracrRNA 的互补配对触发体内 RNAase Ⅲ 等核酸酶的切割机制,产生一系列只包含单一间隔序列的成熟 crRNA。第三个阶段为靶向干扰并降解外源遗传物质,Cas 蛋白和 tracrRNA-crRNA 形成的复合物扫描整个外源 DNA 序列上的 PAM 序列并进行识别,一旦识别出与 crRNA 互补的原间隔序列,Cas

蛋白就会对基因组位点进行切割，从而使外源基因物质降解（图1-8）。

研究者们通过基因工程的手段，将crRNA和tracRNA改造成了向导RNA（small-guide RNA，sgRNA）。目前用于基因编辑的CRISPR/Cas系统仅由Ⅱ类Cas蛋白与向导RNA构成，通过sgRNA与靶序列DNA的碱基配对，将Cas蛋白与sgRNA结合形成的RNA-蛋白质复合体引至靶位点，完成切割和基因编辑。

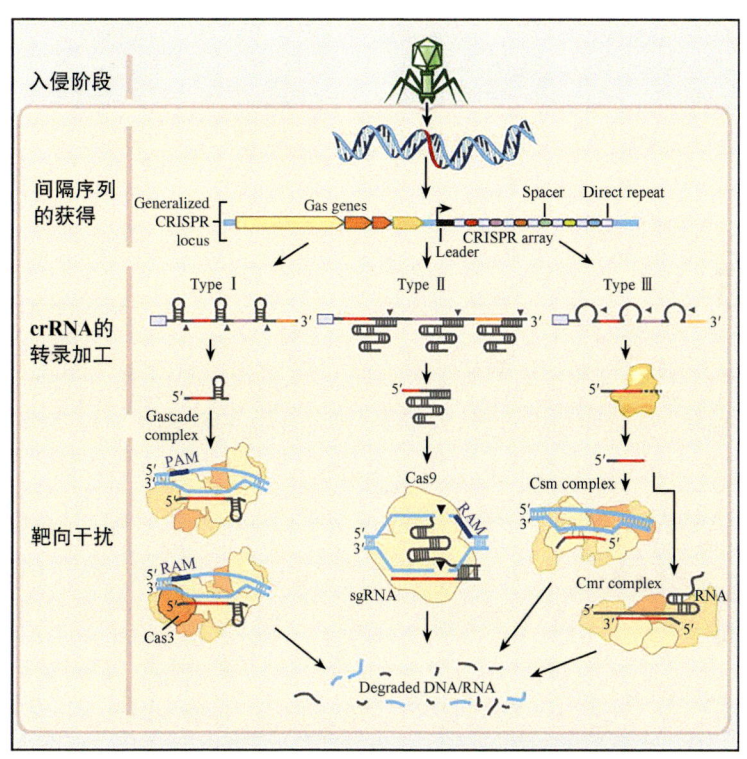

图1-8 CRISPR/Cas适应性免疫形成机制

4. CRISPR/Cas系统的分类

自2012年以来，全世界科学家们又开发了一系列的Cas蛋白体系，根据Cas蛋白核心元件序列的不同，CRISPR/Cas系统一般被分为2类6型33个亚型（Makarova et al.，2020），Ⅰ和Ⅱ型系统识别和剪切的是DNA，Ⅵ型的切割RNA，而Ⅲ和Ⅴ型能同时切割DNA和RNA（Hryhorowicz et al.，2023）（表1-1）。

表 1–1 不同 CRISPR/Cas 系统的特征

类	型	亚型	效应复合体	tracrRNA	核心蛋白	靶标物
1	Ⅰ	A, B, C, D, E, F, G	多个蛋白亚单位	不需要	Cas3	DNA
	Ⅲ	A, B, C, D, E, F	多个蛋白亚单位	不需要	Cas10	DNA/RNA
	Ⅳ	A, B, C	多个蛋白亚单位	不需要	未知	未知
2	Ⅱ	A, B, C	单个蛋白	需要	Cas9	DNA
	Ⅴ	A, B, C, D, E, F, G, H, I, K, U	单个蛋白	需要	Cas12	DNA/RNA
	Ⅵ	A, B, C, D	单个蛋白	不需要	Cas13	RNA

Class Ⅰ类包括Ⅰ型、Ⅲ型和Ⅳ型，需要多个 Cas 蛋白形成的复合体来切割 DNA 双链。Ⅰ型系统目前被分成ⅠA 到ⅠG 共 7 个亚型，ⅠF 亚型有三种不同的变体。Ⅰ型系统通过多个蛋白组成的 CRISPR 相关复合物（Cascade）作为效应物抵抗病毒。在Ⅰ-E 系统中，Cascade 由 Cse1（Cas8）、Cse2（Cas11）、Cas7、Cas5 和 Cas6 蛋白组成，crRNA-Cascade 复合物识别靶 DNA，引起 Cas3 蛋白的富集和 DNA 降解。Ⅲ型系统是最复杂的原核免疫系统，利用多亚基效应复合物切割入侵的 RNA 和 DNA，Ⅲ型系统被分为Ⅲ-A 到Ⅲ-F 六个亚型。Ⅲ型系统包含编码 Cas10 多结构域蛋白的基因，该蛋白具有 N-末端组氨酸-天冬氨酸（HD）核酸酶结构域和两个 Palm 结构域（RNA 识别基序的一种形式）；当Ⅲ型 crRNA 引导的效应复合物识别靶 RNA 时，HD 结构域负责非特异性单链 DNA（ssDNA）切割活性，Palm 结构域催化 ATP 转化为环状寡核苷酸（cOAs），cOAs 激活 Csm6 蛋白，Csm6 蛋白非特异性降解 RNA 分子（Huang & Zhu，2021）。Ⅳ型 CRISPR/Cas 系统分为Ⅳ-A、Ⅳ-B 和Ⅳ-C 三种不同的亚型，它们的具体功能目前少有描述，Ⅳ型缺乏 Cas1、Cas2 和 Cas4 这类适应蛋白，所有Ⅳ型系统都包含 Cas7 蛋白（也称为 Csf2）和 Cas5 蛋白（也称为 Csf3），另外

亚型Ⅳ-A 包含 Cas6 类似蛋白和 DinG 解旋酶，亚型Ⅳ-A 和亚型Ⅳ-B 含有 Cas8 类似蛋白，亚型Ⅳ-B 还含有来自磷酸腺苷磷酸硫酸还原酶家族的 CysH 类似蛋白，亚型Ⅳ-C 具有一个推测的 HD-核酸酶结构域大亚基（Zhou et al.，2021）（图 1-9）。

Class Ⅱ类包括Ⅱ型、Ⅴ型和Ⅵ型，只需要 1 个含有多个结构域的 Cas

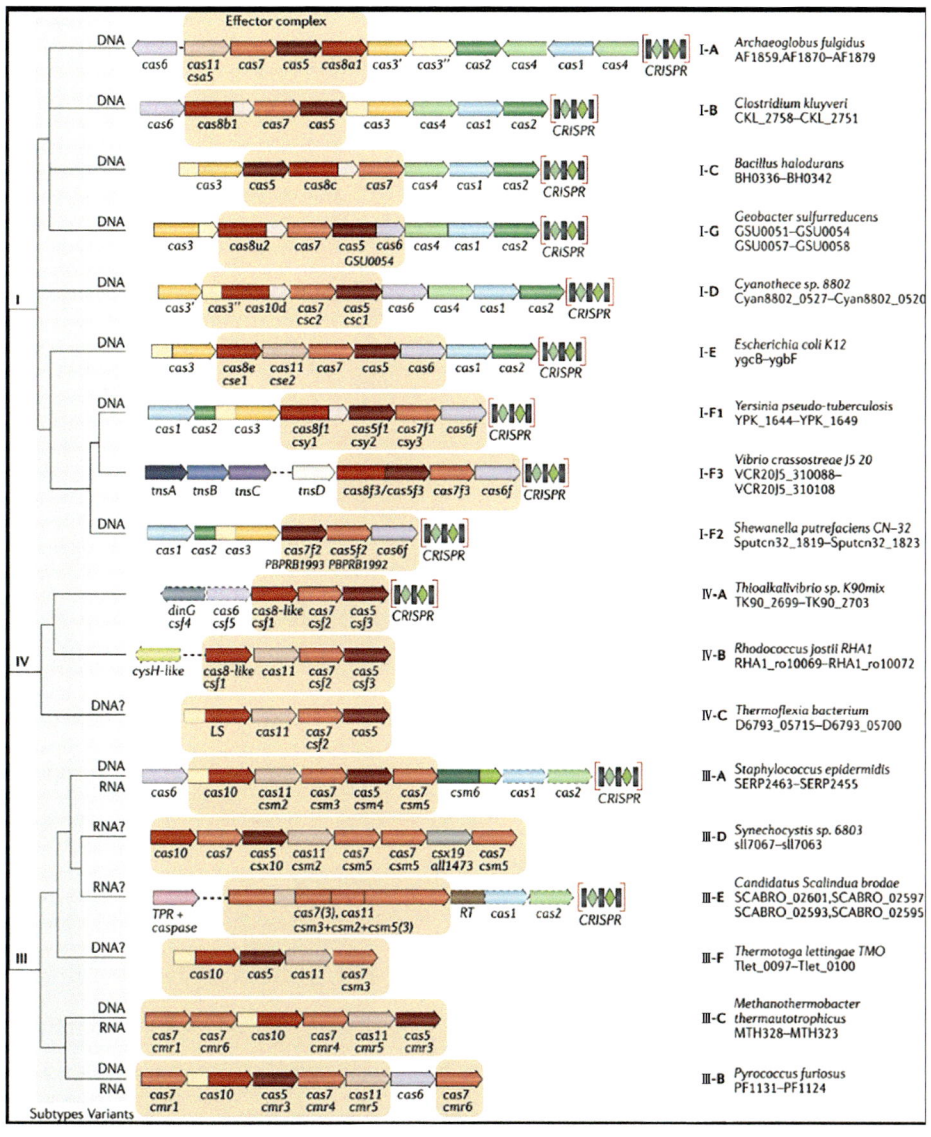

图 1-9　Ⅰ类 CRISPR-Cas 系统的分类（Makarova 等，2020）

蛋白即可完成切割（Koonin et al.，2017）。Ⅱ型系统包括Ⅱ-A到Ⅱ-C三个亚型，其中Ⅱ-C亚型有Ⅱ-C1和Ⅱ-C2两种变体。Ⅱ型系统使用含有多个结构域的Cas9蛋白作为效应物防御病毒。所有Ⅱ型CRISPR/Cas基因座都包含 *cas1*、*cas2* 基因和tracrRNA，Cr RNA-tracr RNA-Cas9蛋白复合物能够识别并切割目标DNA序列。V型CRISPR/Cas系统包括许多具有不同功能的亚型（V-A至V-I、V-K和V-U），V型系统根据多功能Cas12蛋白的存在进行分类。Ⅵ型CRISPR/Cas系统已被鉴定并分为Ⅵ-A至Ⅵ-D四个亚型，Ⅵ-B亚型有Ⅵ-B1和Ⅵ-B2两种变体，Ⅵ型包含一个单一效应Cas13蛋白（C2c2）（O'Connell，2019）（图1-10）。

（四）常用的 CRISPR/Cas 系统

在CRISPR/Cas系统中，来自化脓性链球菌的Ⅱ-A型CRISPR/Cas9发现最早、研究最深入和应用最广泛。近年来，一系列不同类型Cas蛋白开发丰富了基因编辑工具，新型编辑工具Cas12a（CPf1）和Cas12b等也被用于基因编辑植物的创制（表1-2）。

1. CRISPR/Cas9 系统

CRISPR/Cas9系统包括引导RNA（sgRNA）和Cas9两部分，是最早应用于基因编辑的系统。其中Cas9蛋白来源于化脓性链球菌，是一种双RNA引导的DNA核酸内切酶，能够通过识别crRNA-tracRNA复合物的发卡环结构来切割靶DNA。Cas9由REC识别结构域和NUC核酸酶结构域组成，其中NUC结构域包含高度保守的RuvC核酸酶结构域和HNH核酸酶结构域（Jinek et al.，2012）。NUC核酸酶可作用于靶序列的特定位置，分别切割靶标DNA的两条链，产生平端，其中RuvC核酸酶切割与原间隔序列相同的单链（非互补链），而HNH核酸酶切割与crRNA序列互补的单链。Cas9需要100 nt的gRNA和tracrRNA协同作用完成双链DNA的切割，sgRNA是一种短的合成RNA，由crRNA和tracrRNA融合而成，与Cas9蛋白一起完成双链DNA切割。Cas9的PAM区位于靶序列的3′端，其序列为5′-NGG-3′（图1-11a）。在2013年，CRISPR/Cas9首次在拟南芥、烟草和水稻中成功应用。与其他基因编辑方法相比，

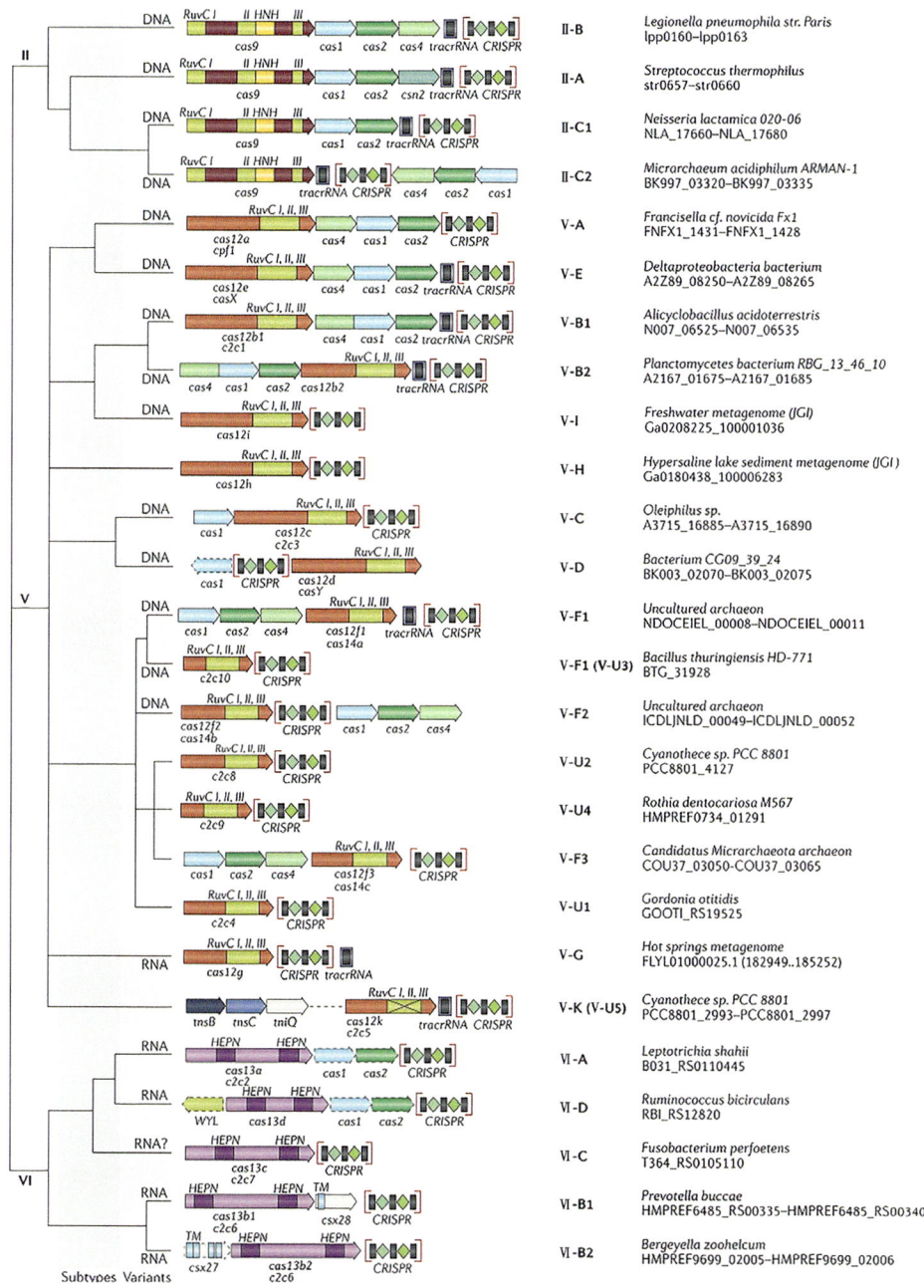

图 1-10　Ⅱ类 CRISPR-Cas 系统的分类（Makarova 等，2020）

表1-2 常用CRISPR/Cas系统

CRISPR酶	核酸酶结构域	蛋白大小（kDa）	向导RNA组成	靶序列长度（bp）	是否需要tracrRNA	PAM/PFS	靶标序列	剪切模式
Cas9	RuvC 和 HNH	2.9~3.9	sgRNA	20~24	是	3' NGG	dsDNA	平末端
Cas12a	RuvC 和 Nuc	3.6~3.9	crRNA	20~24	否	5'（T）TTN	dsDNA	黏性末端，5'端突出
Cas12b	RuvC	3.4	sgRNA	20~25	是	5' TTN	dsDNA	黏性末端，切掉靶DNA的7个核苷酸
Cas13a	2 HEPN	4.1	crRNA	20	否	5' non-G PFS	ssRNA	在尿嘧啶附近切割ssRNA

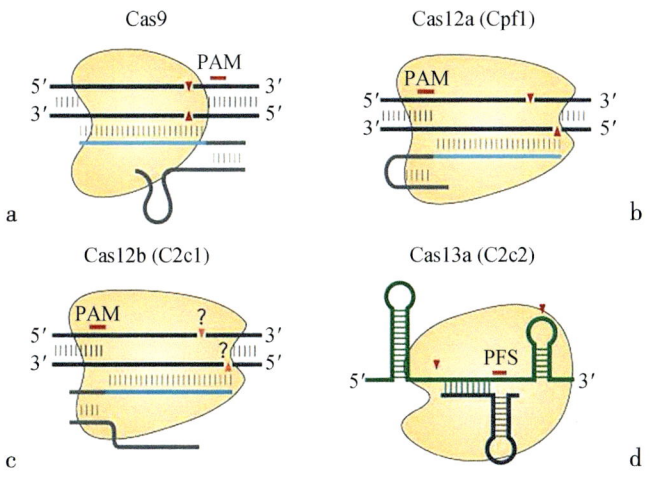

图 1-11 不同的 CRISPR-Cas 系统

CRISPR/Cas9 系统具有很高的编辑效率，一般为 75%~85%，但脱靶效应也比较明显。

2. CRISPR-Cas12a

Cas12a 也被称作 Cpf1，是一种新兴的 RNA 引导的核酸内切酶系统，仅使用 RuvC 催化结构域来切割靶 dsDNA 的两条链。依赖于富含胸腺嘧啶的原生间隔邻近序列（PAM）进行 DNA 靶向（图 1-11b）。相较于 Cas9 而言，Cas12a 具有独特的功能，Cas12a 只需要一个 42 nt 的 crRNA 即可切割双链 DNA，裂解产生的为黏性末端，且它的蛋白更小，这可能会提高基于 NHEJ 修复途径的基因插入效率，有利于多靶点编辑系统和多载体编辑系统的应用。该系统也已经成功应用于水稻、玉米和拟南芥等多种植物的基因功能研究中。

Cas12a 蛋白还具有 RNase 活性，研究人员发现 Cas12a 具有在切割靶标 DNA 后，切割体系内 ssDNA 的活性，利用这一特性将 Cas12a 和等温扩增系统 RPA 结合在一起，可在常温下快速、特异性地检测出作物目标基因的突变位点，可以用于核酸检测。新冠疫情暴发以来，研究人员使用 Cas12a 可在 30 min 内检测出鼻腔前部拭子采样中新冠病毒的 RNA 链，基于 CRISPR-Cas12a 技术的检测结果与实时 PCR 技术相比具有更高的灵敏性和特异性。

3. CRISPR-Cas12b

目前,最新开发的 Cas12b 蛋白形成了第三种 CRISPR-Cas 基因组编辑系统,该系统与 Cas9、Cas12a 同属于Ⅱ型 CRISPR/Cas 系统。Cas12b 蛋白又称为 C2c1,该蛋白由一个保守的 RuvC 结构域和 Nuc 结构域组成,作用原理与 Cas9 类似,通过双 RNA 引导(crRNA 和 tracrRNA),靶向目标 DNA 序列,在 PAM 远端进行 DNA 双链切割,产生 5′ 黏性末端。它识别的 PAM 序列为 AT,相比较于 Cas9 和 Cas12a,Cas12b 的蛋白结构更小,对于 gRNA 与靶 DNA 之间的碱基互补配对要求更为严格,因此可能具有更小的脱靶效应,是一个富有潜力的基因组编辑新工具。该系统现已成功应用于拟南芥中,在多个基因位点上成功实现了靶位点突变、多位点编辑以及大片段缺失的基因组编辑(图 1-11c)。

4. CRISPR-Cas13a

CRISPR-Cas13a 属于Ⅵ型 CRISPR-Cas 系统,Cas13a 具有核糖核酸酶活性,由 REC 和 NUC 结构域组成,REC 由 Helical-1 结构域和 N- 末端(NTD)组成,NUC 包含 HEPN1 结构域、HEPN2 结构域、Helical-2 结构域和两个 HEPN(higher eukaryotes and prokaryotes nucleobinding domain)结构域之间的接头序列(Zhao et al.,2022)。Cas13a 只结合携带 20nt 靶结合序列的 crRNA,HEPN 结构域参与 RNA 成熟和靶 RNA 裂解。CRISPR-Cas13a 系统靶向 ssRNA,需要原间隔序列区侧翼序列但不需要 PAM 序列(图 1-11d)。

与 ZFNs 和 TALENs 相比,CRISPR/Cas 技术中 CRISPR 的向导 RNA 识别序列一般仅需要 20 bp 的核苷酸,且 Cas 蛋白不需要形成蛋白二聚体来发挥作用,具有构建简单、编辑高效等特点,已广泛应用于植物基因组编辑。

四、CRISPR/Cas 衍生技术

(一)碱基编辑器

碱基编辑器是由 CRISPR/Cas 编辑技术衍生而来的,在不产生 DNA

双链断裂和没有供体 DNA 提供模板情况下，就可以实现高效碱基替换，在 2016 年首次研发成功（Liu et al.，2016）。目前常用的碱基编辑系统主要是胞嘧啶碱基编辑器（cytosine base editor，CBE）、腺嘌呤碱基编辑器（adenine base editor，ABE）、CG 碱基编辑器（C to G base editor，CGBE）及嘧啶嘌呤双转换碱基编辑器（A&CBE）（图 1-12）。

1. CBE

CBE 是研发的第 1 类单碱基编辑器，由胞嘧啶脱氨酶、Cas9 缺口酶（nicking Cas9，nCas9）、尿嘧啶 DNA 糖基酶抑制因子（uracil glycosylase inhibitor，UGI）三个结构域组成，利用此系统可以实现胞嘧啶（C）到胸腺嘧啶（T）的替换。nCas9 又称为 nCas9^{D10A}，其中的第 10 位氨基酸从 Asp 替换为 Ala，使得蛋白中的 RuvC 结构域失去核酸内切酶活性，只保留了 HNH 结构域的核酸酶功能，所以只切割 sgRNA 互补 ssDNA（Komor et al.，2016）。其工作原理为：nCas9^{D10A} 在 sgRNA 的引导下，在靶位点处切割 sgRNA 互补 ssDNA，在目标链上产生一个 DNA 链缺口；胞嘧啶脱氨酶将非编辑链上的胞嘧啶（C）进行脱氨形成尿嘧啶（U），并利用 UGI 防止 U 被尿嘧啶 -N- 糖基化酶水解；然后借助细胞自身的 DNA 修复，以 ssDNA 为模板，将 U∶G 错配修复成 U∶A，进而在 DNA 复制过程中形成的尿嘧啶被 DNA 聚合酶识别成胸腺嘧啶，并与腺嘌呤配对，从而产生 C 到 T 的碱基替换。

2016 年，Komor 等在 nCas9^{D10A} 的 N 端融合了来源于大鼠的胞嘧啶脱氨酶 rAPOBEC1、在 C 端融合大鼠的尿嘧啶糖基化酶抑制剂 UGI，首次研发出了在动物细胞中能实现 C-to-T 的碱基编辑器 BE3。2017 年，Zong 等在 BE3 的基础上，对 rAPOBEC1、nCas9^{D10A} 和 UGI 进行植物偏好密码子优化，并用来源于玉米的 ubiquitin 启动子驱动表达，研制出了适用于植物的 CBE 编辑器 nCas9-PBE，并在水稻、小麦和玉米中成功实现了 C-to-T 的碱基替换，效率达 43.5%。

2. ABE

ABE 由腺苷脱氨酶、Cas9 缺口酶（nicking Cas9，nCas9）和尿嘧啶 DNA 糖基酶抑制因子（UGI）三个结构域组成，可以实现腺嘌呤 A 到鸟

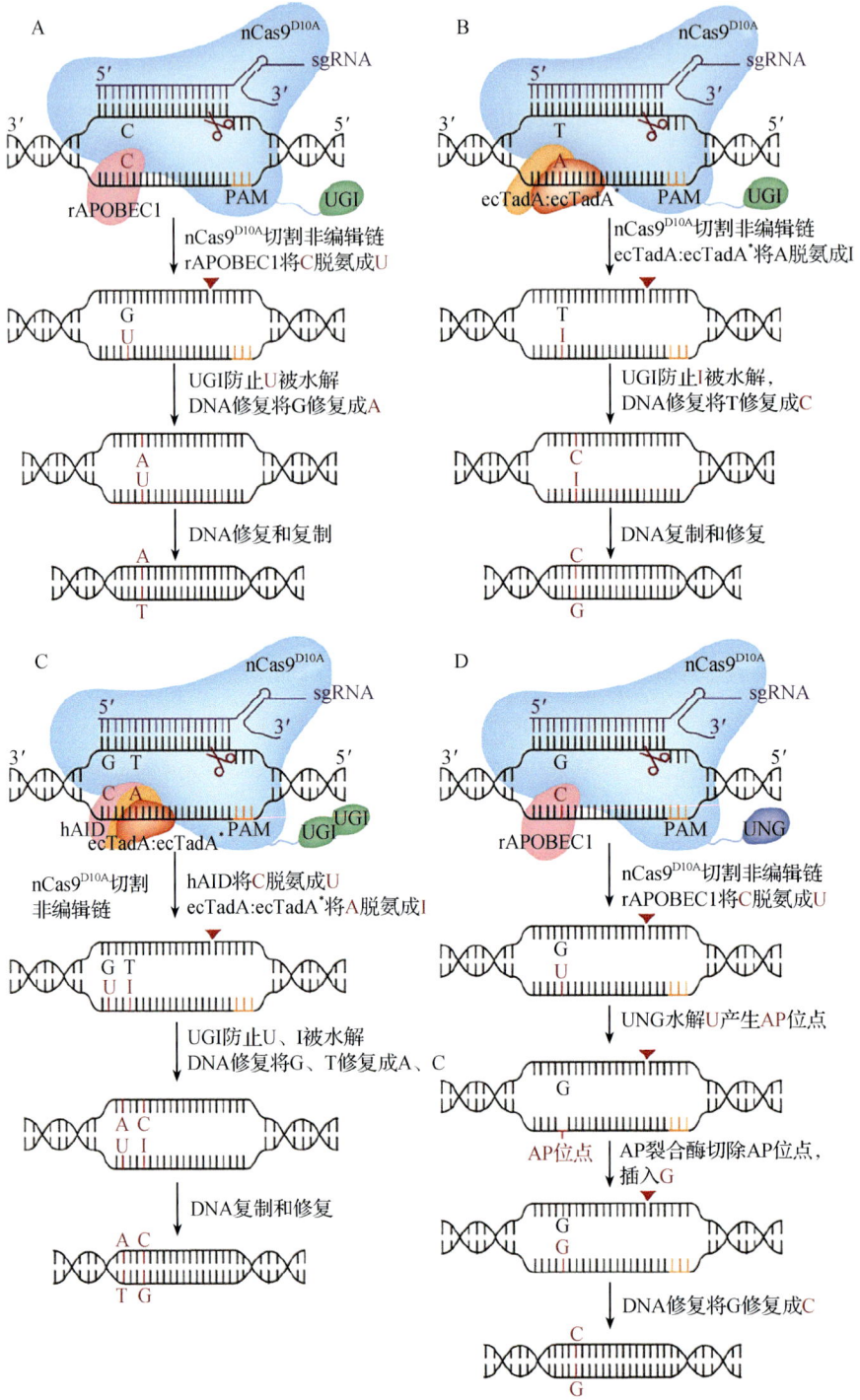

图 1-12　碱基编辑器的工作原理示意图（引自何晓玲等，2022）

嘌呤 G 的碱基替换。2017 年，Gaudelli 等发现利用大肠杆菌 ecTadA、小鼠 rAD25 和人 ADAT226 等腺苷脱氨酶不能实现 A 到 G 的替换，但利用突变了的 ecTadA*：ecTadA 二聚体腺苷脱氨酶可以在动物细胞的编辑活性窗口（A4~A7）内实现高效的 A-to-G 替换，成功研发出了 ABE7.10。通过 ABE7.10 进一步优化，研发出了适用于植物的 PABE 和 ABE-P2 等编辑器，在水稻中的 A-to-G 碱基替换率分别可达 59.10% 和 61.30%（Li et al.，2018；Hua et al.，2018）。ABE 的作用原理和 CBE 类似，即 sgRNA 将 ABE 引导至基因组的靶位点，腺嘌呤脱氨酶结合到 DNA 上，将编辑窗口的腺嘌呤（A）脱氨形成肌苷（I），然后肌苷在 DNA 复制过程中被当作鸟嘌呤（G）进行读码与复制，最终实现 A 到 T 碱基的替换。

3. GBE

GBE 是用尿嘧啶 -N- 糖基化酶（uracil-N-glycosylase，UNG）替换掉 CBE 中的 UGI 后开发出的单碱基编辑器，一般包含胞嘧啶脱氨酶、nCas9 和 UNG（或者其他的 DNA 修复蛋白）三个主要原件，它可以实现嘧啶与嘌呤之间颠换（C-to-G）。其原理是基于细胞内的 UNG 可以识别错误产生的尿嘧啶并将其移除形成无嘌呤或无嘧啶位点（apurinic or apyrimidinic site，AP），裂合酶识别 AP 位点切割产生的缺口与 nCas9 切割产生的缺口造成了 DNA 双链断裂，诱导细胞内进行 NHEJ 修复机制，从而在发生错误的碱基位点处产生不定向的单点突变。

（二）引导编辑技术（prime editing，PE）

引导编辑是一种基于"搜索"和"替换"的基因组编辑方式，不仅能实现任意类型的碱基置换，而且还能实现小片段甚至大片段的精准插入和删除。

引导编辑系统最初是由 nSpCas9（H840A）与野生型 M-MLV RT（moloney murine Leukemia virus reverse transcriptase，M-MLV RT）逆转录酶融合形成的效应蛋白和引导编辑向导 RNA（prime editing guide RNA，pegRNA）组成，pegRNA 在 3′ 端比常规的 sgRNA 增加了一段 RNA 序列，这段 RNA 序列包括引物结合位点 PBS（prime binding site，PBS）序列和

含有靶标编辑序列的 RT 模板（reverse transcriptase template，RT template，RTT）。pegRNA 不仅具有靶向基因组的功能，而且在 Cas9 完成 DNA 链的切割之后，能够以自身携带的 RNA 序列为模板在逆转录酶的作用下逆转录成相应的 DNA 序列，这些 DNA 序列在细胞修复机制作用下整合到基因组中完成编辑（Anzalone et al.，2019）。其工作原理为：pegRNA 将效应蛋白引导至基因组的靶位点，效应蛋白中的 nSpCas9（H840A）在 PAM 上游第三个碱基处切割 DNA 单链，产生一条 5′ 端游离单链 DNA 链和一条 3′ 端游离单链 DNA 链。然后游离的 3′ 端单链 DNA 与 pegRNA 上的引物结合位点 PBS 碱基互补，效应蛋白中的逆转录酶沿着引物结合位点的 3′ 端序列以靶标编辑序列的 RTT 为模板逆转录合成新的单链 DNA；带有新合成的单链 DNA 的 3′ flap 与 5′ flap 竞争，细胞中的 DNA 修复机制切除 5′ flap，3′ flap 在 DNA 连接酶作用下被整合到基因组中，形成带有错配的 DNA 双链，内源 DNA 修复机制识别此错配的 DNA 双链起始修复，以编辑链为模板修复非编辑链，实现双链的精准编辑（图 1-13）。引导编辑器不仅可以实现 12 种碱基对的任意替换，也能在靶点序列处进行 DNA 序列的插入和删除，将基因编辑技术带入了新的时代。目前引导编辑器整体的编辑效率偏低，且具有很强的靶点偏好性，这限制了引导编辑的应用。

此后，研究者通过对引导编辑系统进行优化，将引导编辑精准编辑效率提高了约 3 倍，解决了引导编辑对靶点编辑效率低的问题。如研究者通过对逆转录酶的 5 个位点进行突变（D200N/L603W/T330P/T306K/W313F），提高了逆转录酶与 DNA：RNA 杂交链的亲和性，并抑制了逆转录酶的 RNaseH 结构域的活性，开发出了 PE2 系统；在 PE2 基础上通过在编辑位点上下游 50~100 bp 的位置添加一个 nicking sgRNA，利用 nCas9 的单链切割活性在非编辑链引入一个切口，从而实现 DNA 的双链高效编辑，开发出了 PE3a 系统；为了减少因增加切口导致的 DSB 和 InDels，将 nicking sgRNA 的 gRNA spacer 序列改为靶向编辑后的序列，开发出了 PE3b 系统（Anzalone et al.，2019）。同时，通过对 PE 系统中的 nCas9 和 M-MLV RT 进行植物密码子优化，建立了适用于植物的引导编辑系统（plant prime editing，PPE）PPE2、PPE3 和 PPE3b，在水稻和小麦原生质体中实现了

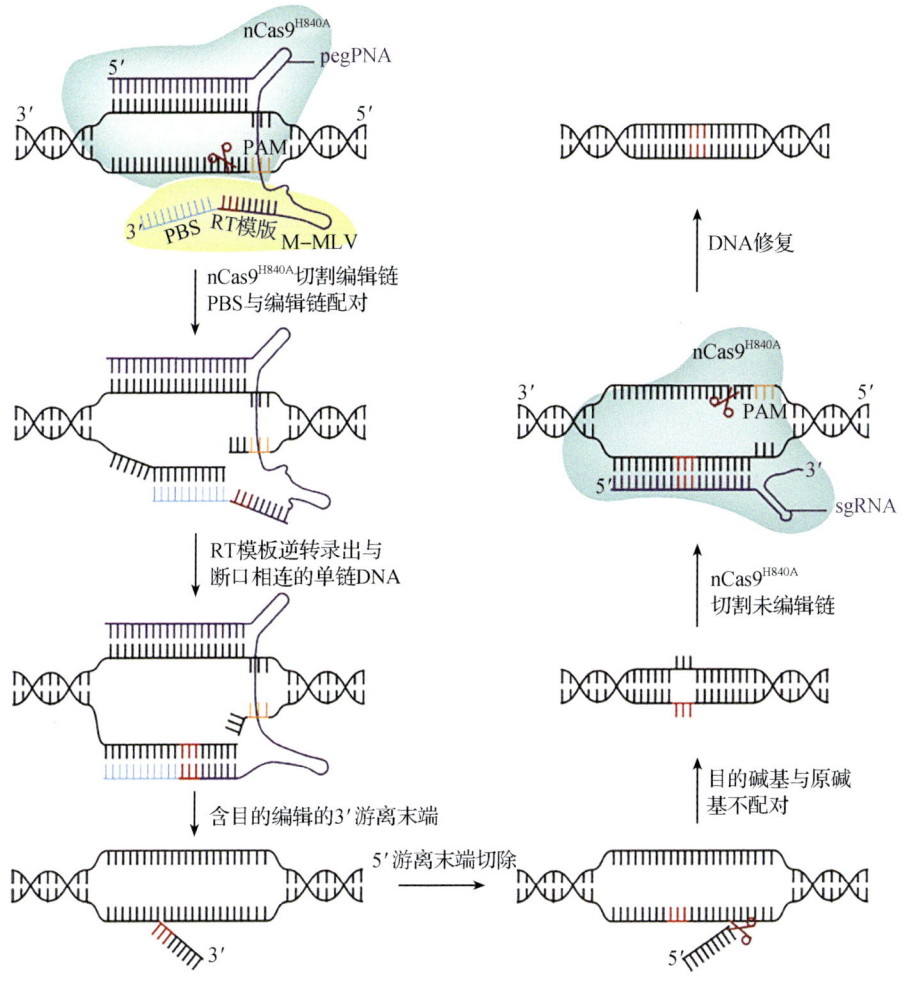

图 1-13 先导编辑器的工作原理

12 种类型单碱基替换、多碱基替换、小片段插入和缺失。目前，研究者们通过对植物引导编辑系统进一步优化，开发出了在小麦中编辑效率最高可达 18.9% 的 ePPEplus 系统，实现小麦中 2~8 个基因精准编辑的 CMPE 系统（Ni et al., 2023），以及玉米中多基因精准编辑的 ePE5max 系统等（Qiao et al., 2023）。

五、基因组编辑对植物基因组修饰的种类

基因组编辑技术可以对植物基因组进行突变、缺失、插入等操作，

从而获得不同类型的基因组编辑植物。目前在国际上基因组编辑技术对基因组进行修饰的种类主要分为 SDN1、SDN2 和 SDN3 三种类型（图 1-14）。

SDN1 类编辑作物中不引入任何外源基因，在编辑过程中不涉及修复模板，位点特异核酸酶在基因组靶位点进行切割，产生位点特异性的 DNA 双链断裂后，通过非同源性末端连接方法进行修复，导致靶位点发生点突变、少量几个碱基插入或缺失。

SDN2 类编辑作物中也不引入外源基因，但在编辑过程中需要修复模板（与靶标位点序列只存在 1 到几个碱基序列差异），在编辑过程中，将位点特异核酸酶与同源修复模板一起导入细胞，产生位点特异性 DSB 后，通过同源重组（homologous recombination，HR）途径进行修复，导致基因组 1 个到几个碱基突变（<20 bp）。

SDN3 类编辑作物中引入了外源 DNA 片段，在编辑过程中位点特异核酸酶与较长的外源 DNA 一起导入细胞，外源 DNA 一般长度可以达到数千个碱基，其两端序列与靶标位点两侧序列同源，产生位点特异性的 DSB 后，通过 HR 修复途径，使外源 DNA 插入特定位点。

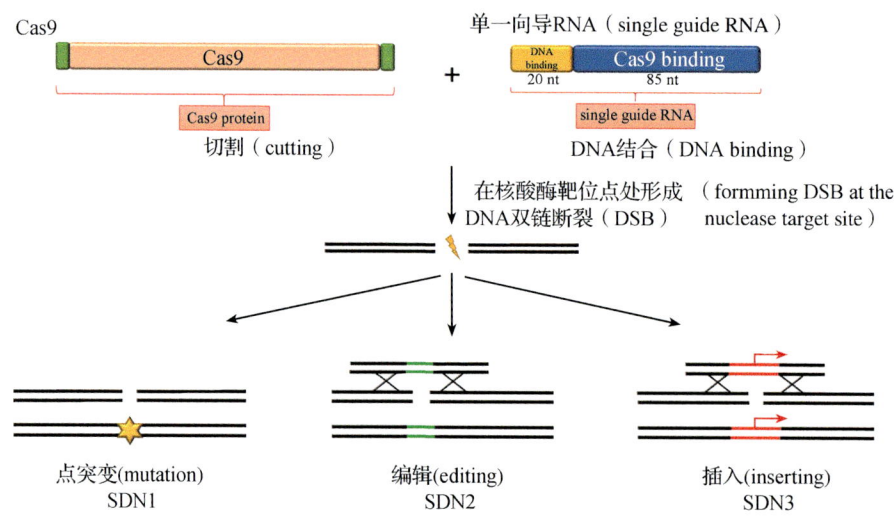

图 1-14　基因组编辑对植物基因组修饰的种类

第二章 基因编辑技术在农业上的应用

一、基因编辑技术在育种技术上的应用

（一）单倍体诱导编辑

单倍体是指体细胞染色体组数等于本物种配子染色体组数的个体。单倍体育种对于新品种的快速选育、分子标记辅助育种、遗传学研究等具有重要意义。高等植物通过自然突变获得单倍体的概率非常低，其中孤雌生殖产生单倍体的概率约为0.1%，而通过孤雄生殖产生的单倍体概率约为0.01%。人工诱变是获得单倍体概率的主要方法，一般采用体外诱导法或体内诱导法。体内诱导法主要包括远缘杂交、花粉诱导、诱导系诱导等。

单倍体诱导系最早是在玉米上发现的。1959年Coe在玉米中发现了自然单倍体诱导系Stock6，Stock6的花粉可以触发卵细胞发育成只含有母体基因组的单倍体胚胎，该特性使Stock6成为玉米双单倍体（doubled haploid，DH）育种中应用最广泛的诱导系（Gilles et al.，2017）。通过研究发现，Stock6及其衍生的单倍体诱导能力主要受磷脂酶基因 *ZmMTL/ZmPLA1A/ZmNLD MATRILINEAL*（*MTL*）、*NOT LIKE DAD*（*NLD*）、*ZmPLA1* 和跨膜蛋白 ZmDMP ［DOMAIN OF UNKNOWN FUNCTION 679 membrane protein（DMP）］控制（Kelliher et al.，2017；Liu et al.，2017；Gilles et al.，2017；Zhong et al.，2019）。此外，研究者们发现利用核小体组蛋白H3的着丝粒特异组蛋白（centromere-specific histone 3，CENH3）、*BBM* 基因（BABY BOOM）也可以诱导产生单倍体。

将单倍体诱导和基因编辑技术结合研发出了单倍体诱导编辑技术，利用此技术，可在两代内获得纯合且稳定遗传的优良性状农作物，可快速高效选育优良亲本，选育时间从 8 年缩短至 1 年，目前该技术已经在玉米、水稻、拟南芥和小麦中成功实现。2019 年，先正达公司的 Kelliher 等研究人员提出了 Hi-edit 育种策略，即利用基因编辑技术获得敲除玉米非单倍体诱导自交系 NP2222 中 *MATL* 的稳定转化植株，选择纯合 *matl* 且携带有 Cas9 的植株与具有叶色形态标记的自交系 B14-v1 进行杂交，得到了不含有任何来自 NP2222 遗传物质的单倍体，证明利用父本来源的 *matl* 突变可完成商业化种质特定位点的修改。Kuppu 等（2020）利用 CRISPR/Cas9 技术和 CENH3 系统相结合成功创建了双子叶的 HI-edit 单倍体诱导系。

Wang 等（2019）创制了单倍体诱导系介导的基因编辑技术（Haploid-Inducer Mediated Genome Editing，IMGE），该技术通过把目标性状基因（如叶夹角性状 *ZmLG*）的编辑载体导入单倍体诱导系中从而创建了携带 CRISPR/Cas9 载体的单倍体诱导系，当用该诱导系与一个优良性状玉米自交系杂交时，可以产生优良性状基因编辑的（*ZmLG* 基因编辑导致叶片直立）单倍体植株，从而在两代内获得目标性状精准改良的玉米自交系。Liu 等（2020）通过基因编辑成功敲除小麦中 *ZmMTL/ZmPLA1/ZmNLD* 的同源基因 *TaPLA*，在其自交后代中发现了单倍体植株。Liu 等（2020）利用优化的 CRISPR/Cas9 编辑系统对小麦内源基因 *TaMTL* 进行了编辑，*TaMTL-4A* 和 *TaMTL-4D* 的双基因敲除突变导致单倍体籽粒诱导率高达 18.9%。

Timothy Kelliher 团队开发出了作物上首个可商业化使用的小麦父本单倍体诱导技术，利用基因编辑技术编辑小麦的着丝粒组蛋白 TaCENH3a，并通过筛选杂合等位基因组合鉴定到小麦父本单倍体诱导系，其诱导效率为 7%。Sun 等（2022）利用基因编辑技术对小麦中 3 个 *TaMTL* 基因进行编辑，在后代中发现了 10% 左右的单倍体诱导率。Zhong 等（2022）通过 CRISPR/Cas9 技术在番茄、甘蓝型油菜和烟草中也建立了母体单倍体诱导系，进一步证实了 DMP-HI 系统在双子叶作物中的广泛适用。Cheng 等（2021）通过对谷子中的 *SiMTL* 基因进行编辑，成功获得了具有单倍体诱导可能的突变体植株，进而证明了携带 *MTL* 突变的植株可以作为诱导系用于作物的单倍体育种。

以上研究结果表明,利用基因编辑技术诱导 *MTL/PLA1/NLD* 和 *DMP* 的突变,有助于在还没有建立高效 DH 的作物中发展体内单倍体诱导系统。

(二)杂种优势利用与固定

杂种优势是指具有不同遗传性状的父母本杂交产生的子代在品质、产量、抗逆性等方面优于父母本的生物现象。目前杂种优势在玉米、水稻、油菜、棉花等作物中广泛应用,用来提高产量和品质。在杂交种子生产过程中,雄性不育系的应用可以免除人工或机械去雄,从而降低制种成本、提高制种纯度和产量,因此创制各类稳定和可遗传的雄性不育系并发掘雄性不育基因一直是研究热点。

1. 培育雄性不育系

目前,通过 CRISPR/Cas9 基因编辑技术已快速创制多个玉米核雄性不育突变体和温敏雄性不育突变体,如基于生物信息学分析、花药转录组分析和 CRISPR/Cas9 基因编辑技术,已成功创制和挖掘了 10 多个玉米核雄性不育新基因(如 *ZmTGA9-1/-2/-3*、*ZmTGA10*、*ZmbHLH122*、*ZmbHLH51*、*ZmMYB84*、*ZmMYB33-1/-2*、*ZmPHD11* 和 *ZmLBD-10/-27* 等)及其对应的雄性不育突变体,其中包括正向遗传学方法很难发现的功能冗余基因,即双突或三突(如 *ZmTGA9-1/-2/-3*、*ZmMYB33-1/-2* 等)才能显示雄性不育表型,快速丰富了玉米雄性不育突变体的资源(表 2-1)。

表 2-1 利用基因编辑技术培育雄性不育系

作物种类	靶标基因	基因功能	编辑策略	表型	参考文献
玉米	*ZmCOI2a/b*	茉莉酸信号的受体	敲除	花药发育异常,雄性不育	Qi et al., 2022
玉米	*ZmDFR1/2*,*ZmACOS5-1/2*	调节花药和花粉发育	敲除	花粉活力降低	Liu et al., 2022
玉米	*ZmTGA9-1/2/3* *ZmMs25*	参与脂类代谢的脂肪酰基还原酶类	敲除	花药和花粉发育异常,雄性不育	Zhang et al., 2021

续表

作物种类	靶标基因	基因功能	编辑策略	表型	参考文献
玉米	ZmbHLH51, ZmbHLH122, ZmTGA9-1/2/3, ZmTGA10, ZmMYB84, ZmMYB33-1/2, ZmPHD11, ZmLBD10/27	调节花药和花粉发育	敲除	花药和花粉发育异常，雄性不育	Jiang et al., 2021
玉米	ZmABCG26, ZmFAR1	调节脂质代谢	敲除	花药角质层含量显著降低，蜡质含量增加，雄性不育	Jiang et al., 2021
玉米	Dcl5	产生 24-nt phasiRNAs	敲除	短花药、绒毡层细胞分化缺陷以及温度敏感的雄性不育。	Teng et al., 2020
玉米	MS26	编码细胞色素 P450	敲除	花粉发育异常，雄性不育	Svitashev et al., 2015
玉米	MS45	编码异胡豆苷合成酶类似蛋白	敲除	花粉发育异常，雄性不育	Svitashev et al., 2015
玉米	ZmMS8	编码 β-1,3 半乳糖基转移酶	敲除	花药发育异常，雄性不育	Chen et al., 2018
玉米	ZmTMS5	编码 RNA 酶，温敏不育基因	敲除	温敏性雄性生不育	Li et al., 2017
大豆	GmAMS1	bHLH 转录因子基因家族成员之一，影响绒毡层发育	突变	雄性不育	Chen et al., 2021
番茄	SlSTR1	雄蕊特异表达，编码的蛋白属于异长春花苷合酶家族蛋白	敲除	雄性不育	Du et al., 2020

续表

作物种类	靶标基因	基因功能	编辑策略	表型	参考文献
苜蓿	*MtNP1*	葡萄糖-甲醇-胆碱（GMC）氧化还原酶超家族，单基因纯合突变能够造成雄性不育	突变	雄性不育	Ye et al., 2021
小麦	*TaDCL4* *TaDCL5* *TaRDR6*	小麦雄蕊发育相关 phasiRNA 合成路径	突变	雄性不育	Zhang et al., 2023
水稻	*TMS5*	调控水稻育性	敲除	温敏雄性不育，育性转换温度24℃	覃玉芬等，2021
水稻	*CSA*	花粉碳饥饿基因	敲除	光敏核雄性不育	Li et al., 2016
水稻	*OsCER1*	参与水稻中超长链烷烃的生物合成	敲除	湿度敏感雄性不育	Ni et al., 48
水稻	*OsOPR7*	参与茉莉酸生物合成途径中涉及的氧代植物二烯酸还原酶3（OPR3）的表达	敲除	外源茉莉酸甲酯恢复育性的雄性不育	Pak et al., 2021

在水稻上，利用 CRISPR/Cas9 技术编辑 *TMS5*，快速获得 1 个新型优质温敏雄性核不育（TGMS）水稻品系 GXU41-5S，该品系的育性转换临界温度为 24℃，符合 TGMS 系的选育要求，在两系杂交水稻的品种选育中具有重要应用价值；利用基因编辑技术敲除花粉碳饥饿基因 *CSA*，突变体在短日照下表现为完全雄性不育，而在长日照条件下表现为雄性可育，从而创制出光敏核雄性不育突变体材料。

2. 无融合生殖

虽然杂交品种具有很多优势，但杂交种子通过有性生殖自交后，其后代会发生遗传重组和性状分离，优势无法稳定遗传，不能自留种，需要每年耗费大量的人力物力进行杂交制种，有效固定杂种优势是需要解决的一个难题。无融合生殖是一种不通过正常减数分裂和精卵细胞融合而产生种子的特殊生殖方式，后代基因型与母本保持一致，是实现杂种优势固定的有效方法。至今已在约 400 种被子植物中发现存在无融合生殖，但在作物中并没有发现。近年来，随着无融合生殖相关基因的功能解析和基因编辑技术的发展，研究者们通过 MiMe（有丝分裂代替减数分裂）策略结合单倍体诱导或孤雌生殖技术，开发出了人工创制无融合生殖技术。

2019 年，Khanday 等利用 CRISPR/Cas9 编辑技术，在常规稻品种 Kitaake 中同时编辑 3 个 MiMe（mitosis instead of meiosis）基因 *PAIR1*、*REC8* 和 *OSD1*，并结合拟南芥卵细胞特异启动子 pDD45 启动表达 *BBM1* 基因（属于转录因子 AP2 家族，在植物精细胞中特异表达，是触发胚胎发育的关键因子之一），成功诱导孤雌生殖产生克隆种子，克隆种子的诱导率为 10%～30%，杂种优势能稳定遗传 7 代以上（Khanday et al., 2021）。2022 年，Vernet 等将诱导孤雌生殖的 *BBM1* 基因表达框和 CRISPR/Cas9 介导的 3 个 MiMe 基因失活表达框构建到一个 T-DNA 载体上，转化商业化应用的杂交水稻 BRS-CIRAD 302 的 F_1 代种子胚性愈伤组织，克隆种子的获得率最高可达 95%，无融合生殖水稻的表型和基因型与原始 F_1 杂种相似，在三代中稳定遗传，但无融合生殖水稻的结实率略有降低。

此外，Wang 等在籼粳杂交稻春优 84 中，利用 CRISPR/Cas9 基因编辑技术同时敲除 *PAIR1*、*REC8*、*OSD1* 和 *MTL*（Matrilineal，此基因突变可引起雄配子发育过程中染色体碎片化，精卵融合后来自父本的染色体组消除，最终诱导产生只含有母本染色体组的单倍体）基因，获得了 4 个基因同时突变的株系 Fix，Fix 株系具有与亲本一致的田间表型，二倍体克隆种子占所有可育种子的 4.7%～9.5%。

(三)加速作物驯化

作物的驯化就是将野生植物进化成栽培植物,已有250种植物被完全驯化,我们种植的玉米、小麦、水稻、棉花等都是从野生植物中选择和驯化得来的。作物的驯化过程是一个经历上千年的漫长过程,在这个过程中,因为过分追求高产耐逆等育种目标而使得风味营养等被忽视的性状在选择中逐渐丢失,最终导致基因资源库的丰度降低,限制了优异性状基因资源的发掘和利用。传统的驯化一般都是通过大规模杂交将优良性状从野生种聚合转移到栽培种中,但这种方法耗时长,而且期间涉及到许多基因座的变化,难以同时兼顾多种优良性状,尤其是品质与产量性状。

基因编辑具有精确基因编辑能力,成为加速农作物驯化的一个新策略。在番茄上,美国、德国和巴西的研究者们利用CRISPR-Cas9系统,对番茄中的 *sp*、*fas* 和 *CycB* 等影响产量和生产率的6个基因进行编辑,实现了对野生番茄的从头驯化,使野生番茄的果实大小增加了3倍,番茄红素含量提高了5倍。我国科学家利用野生醋栗番茄为材料,利用多重CRISPR-Cas系统对基因 *SP* 和 *SP5G*(控制开花光周期敏感性、株型和果实同步成熟)的编码区、基因 *SlCLV3* 和 *SlWUS*(控制果实大小)的顺式调控元件、基因 *SlGGP1*(维生素C合成酶)的上游开放阅读框进行编辑,快速驯化创制了耐盐碱、高抗疮痂病、高营养品质的新型番茄。

2021年,Yu等报道了一种从头驯化异源四倍体水稻(*Oryza alta*)的途径。他们发现了一个异源四倍体野生稻 *Oryza alta*(CCDD)具有高生物量生产率、强抗逆性和较易遗传转化的特性,在对其进行高质量基因图谱和高效遗传转化体系构建的基础上,通过对重要农艺性状的落粒基因 *qSH-1*、芒长基因 *An-1*、绿色革命基因 *SD1*、粒长基因 *GS3* 以及理想株型基因 *IPA1* 进行基因编辑,获得了表型为不落粒、芒长变短、株高降低、茎秆粗壮、开花期缩短等系列突变体,实现了野生稻的从头驯化。Zhu等(2021)也通过CRISPR/Cas9直接对多倍体高秆野生稻(*O. alta*)的株型、粒型和开花期等多种性状进行定向改造,获得了具有全新功能的水稻新品种。

此外，美国科学家利用CRISPR/Cas9系统对灯笼果中的 *Ppr-SP*、*Ppr-SP5G* 和 *Ppr-CLV1* 进行编辑，使得灯笼果的花期提前，株型紧凑，产量提高，实现了灯笼果的快速驯化。我国科学家利用CRISPR/Cas9对 *S-RNase* 基因（控制马铃薯自交不亲和）进行编辑，获得了自交亲和的二倍体马铃薯，拓展了自交亲和马铃薯资源，为马铃薯的快速驯化和遗传改良提供了新策略。

二、基因编辑技术在作物性状改良中的应用

（一）提高作物产量

提高作物产量一直是作物育种的主要目标。在过去的研究中，已经确定了控制产量性状的关键调控基因，基因编辑技术的发展为高产作物的培育提供了新的途径。研究者们利用CRISPR/Cas技术获得了产量提高的水稻、玉米、大豆、番茄等（表2-2）。

水稻产量与单株穗数、每穗粒数、粒型及粒重等多个性状有关。目前已挖掘出负调控穗粒数、粒型、粒重等的相关基因 *Gnla*、*DEP1*（Dense and erect panicle 1）、*GS3* 等。Li等利用基因编辑突变 *Gnla*、*DEP1* 和 *GS3* 基因，获得了粒穗数增加、粒型变大的高产水稻。Huang等通过基因编辑构建了4个合成向导RNA（sgRNA）载体，在籼稻IR58025B中实现了控制水稻穗粒数的显性基因 *DEP1* 大片段敲除，获得了圆锥花序密集直立、株高降低且具增产潜力的水稻材料。Miao等利用基因编辑敲除水稻中调控株型和粒重的基因 *miR396e* 和 *miR396f*，获得的双突变体穗型增大，千粒重增加约40%。利用CRISPR/Cas9敲除掉水稻中的负调控籽粒发育的E3泛素连接酶基因 *GW2*（grain weight 2，GW2），突变体籽粒大小和千粒重明显增加。此外，利用CBEs可精准介导粳稻品种中 *OsNRT1.1B* 差异碱基C-to-T的点突变，使粳稻氮肥利用率提高，培育出了高产、高效型粳稻新品种（Zong et al., 2018）。

玉米个体产量主要由穗行数、行粒数和粒重等决定，编辑与这些性

表 2-2 基因编辑技术在提高作物产量中的应用

作物	靶标基因	基因功能	编辑类型	性状	参考文献
水稻	GS3, GW2, GW5, TGW6	调控籽粒大小（GS3）、粒型（GW2和GW5）、千粒重（TGW6）	突变	粒长和粒重增加	Xu et al., 2016
水稻	Gn1a, DEP1, GS3 和 IPA1	调控花序结构和植物高度（DEP1），籽粒数目负调节因子（Gn1a），株型调节因子（IPA1），籽粒大小负调节因子（GS3）	突变	穗粒数增加	Li et al., 2016
水稻	OsHXK1	9号染色体上的粒度基因	敲除	高光合效率和高产	Zheng et al., 2021
水稻	MIR396e 和 MIR396f	调节水稻株型和粒重	突变	穗型变大、千粒重增加40%左右	Miao et al., 2020
水稻	DEP1	控制水稻穗粒数	大片段敲除	圆锥花序密集直立、株高降低且具增产潜力	Wang et al., 2017
水稻	OsGS3, OsGW2 和 OsGn1a	负调控籽粒大小（OsGS3）、穗型（OsGW2）和穗粒数（OsGn1a）	敲除	Jijing809（J809）和Liaojing237（L237）中三个基因同时编辑后提高产量30%~48%	Zhou et al., 2019
水稻	OsAAP3	调控转运 Ser、Met、Lys、Leu、His、Gln、Arg、Ala 和 Gly 的活性，尤其是转运碱性氨基酸 Lys 和 Arg	敲除	促进出芽，增加分蘖数，从而提高籽粒产量	Lu et al., 2018

续表

作物	靶标基因	基因功能	编辑类型	性状	参考文献
大豆	GmLHY/(GmLHY1a, GmLHY1b, GmLHY2a, GmLHY2b)	编码一种MYB转录因子，通过介导大豆中的GA途径影响株高	敲除	株高降低和节间时间缩短	Cheng et al., 2019
大豆	GmSPL9/(GmSPL9a, GmSPL9b, GmSPL9c, GmSPL9d)	调控大豆株型	突变	植物总节点数增加	Bao et al., 2019
大豆	mAP1/(GmAP1a, GmAP1b, GmAP1c, GmAP1d)	是植物ABCE模型中的A类基因，参与花器官的发育	敲除	短日照下开花时间延迟、花形态变化，株高、节数和节间长度增加	Chen et al., 2020b
大豆	GmFT2a	调控花周期	突变	开花时间延迟	Cai et al., 2018
大豆	GmFT2a 和 GmFT5a	共同调节开花时间	突变	双突变体在SD条件下开花延迟，每株产生豆荚和种子数量显著增加	Cai et al., 2020b
大豆	GmFT2b	大豆中的一个重要花期调控基因，它与大豆的光周期反应特性密切相关	突变	在长日照条件下对大豆开花具有显著的促进效应	Chen K. et al., 2019
大豆	GmE1 (Glyma.06G207800)	影响大豆生育期，对开花具有抑制作用	敲除	长日照条件下显示出早期开花	Han et al., 2019

续表

作物	靶标基因	基因功能	编辑类型	性状	参考文献
大豆	*GmFT2a* 和 *GmFT4*	共同调节开花时间	单碱基替换	开花时间延迟	Cai et al., 2020a
大豆	*GmPRR37*	控制大豆光周期开花	敲除	在自然长日照（NLD）条件下表现出早期开花	Wang et al., 2020
大豆	*MSCA1, ZmGRX2/5*	氧化还原酶，可控制氧化还原状态，从而修饰靶蛋白活性	敲除	分生组织、穗和穗生长受到抑制，株高降低	Yang et al., 2021
	YIGE1	通过影响雌蕊小花数调节穗长	敲除	花序分生组织大小和穗长减小	Luo et al., 2021
玉米	*ZmACO2*	ACO2 为 1-氨基环丙烷-1-羧酸氧化酶 2，参与乙烯生物合成	敲除	提高穗长、含粒数和粮食产量	Ning et al., 2021
玉米	*Zm00001d016075*	负调控玉米籽粒行数	敲除	提高籽粒行数和产量	An et al., 2022)
玉米	*ZmCEP1*	编码肽激素，可作为协调重要发育程序的移动信号	敲除	增加株高、粒径和百粒重	Xu et al., 2021
玉米	*ZmNL4*	调节细胞分裂	敲除	叶片宽度减小，密植，提高群体产量	Gao et al., 2021

续表

作物	靶标基因	基因功能	编辑类型	性状	参考文献
玉米	ZmCLE7, ZmFCP1, ZmCLE1E5	CLE 肽配体	产生弱启动子等位基因	穗粒数、粒重和粒宽增加，提高产量	Liu et al., 2021
玉米	ZmRAVL1	B3 结构域转录因子	敲除	株型紧凑	Tian et al., 2019
玉米	GA20ox3	参与 GA 生物合成	敲除	玉米植株半矮化，高产，耐旱	Zhang et al., 2020
玉米	ZmLG1	类 SBP 转录因子，控制叶舌和叶耳发育	定点突变	株型紧凑	Li et al., 2017
小麦	TaARF12	生长素反应因子	敲除	使植株高度更低，穗更大，千粒重显著增加，产量增加 11.1%	Kong et al., 2023

状相关的基因可有助于提高玉米产量。其中穗行数和行粒数与花序分生组织的发育密切相关，主要由 CLAVATA（CLV）-WUSCHEL（WUS）负反馈信号途径维持，利用 CRISPR/Cas9 技术对 *CLE7* 和 *FCP1*（CLV 的同源基因）的启动子区域进行缺失突变，使玉米的穗行数、粒重和粒宽均大大增加，从而提高了单穗的产量。1-氨基环丙烷-1-羧酸氧化酶2（1-aminocydopro-panecarboxylic acid ACC oxidase 2，ACO2）参与乙烯生物合成，负调控玉米穗粒数和产量，利用 CRISPR/Cas9 对 *ZmACO2* 的启动子区进行编辑，编辑玉米的穗长增加3.5%～7.0%，每行粒数增加4.7%～6.3%，穗重增加9.0%～13.9%，单穗产量增加5.7%～21.4%（Ning et al.，2021）。

此外，高密度种植的理想植物结构有助于提高作物产量。对玉米中正向调控叶片角度的 *ZmRAVL1* 和叶片性状的 *ZmNL4* 基因进行编辑，可以改变叶片结构，实现高密度种植，从而提高玉米群体产量（Tian et al.，2019；Gao et al.，2021）。Cheng 等（2019年）突变了大豆中的4个 *LHY*（Late Elongated Hypocotyl，LHY）基因，*GmLHY* 的纯合四重突变体株高降低和节间缩短。*AP1* 基因是植物 ABCE 模型中的 A 类基因，参与花器官的发育，使用 CRSPR/Cas9 敲除4个大豆 *AP1*，突变体延迟了短日照下的开花时间，并显示出株高、节数和节间长度的增加，从而提高产量（Chen et al.，2020）

（二）品质改良

随着生活水平的提高，人们对食品的营养品质和口感需求也逐步提高，改善作物营养价值也成为育种目标之一。研究者们利用基因编辑技术培育出了高油酸大豆、糯玉米、富含维生素 D 番茄等多种基因编辑产品（表2-3）。

玉米中 *Waxy/Wx1* 基因编码淀粉合成酶，该基因功能缺失后提高玉米籽粒中支链淀粉含量，使玉米具有糯性。Gao 等利用 CRISPR/Cas9 技术对 *ZmWaxy* 基因进行编辑，成功创制了糯玉米杂交种。*ZmSHRUNKEN2*（*Sh2*）基因编码腺苷二磷酸葡萄糖焦磷酸化酶（AGPase）的大亚基，此基因功能缺失可导致淀粉合成受阻，可溶性糖积累，增加玉米甜度，利用 CRISPR/Cas9 技术定点敲除 *ZmWx1* 和 *ZmSh2* 基因后，获得了甜糯籽粒比为 1 ∶ 3 的玉米果穗。编辑 *ZmBADH2a* 和 *ZmBADH2b* 可以通过增加 2-乙酰基-1-吡咯啉的积累产生芳香玉米（Wang et al.，2021）

野生稻的 *RcRd* 基因型富含能清除自由基和抗氧化的花青素，能够产生红色籽粒的表型，采用 CRISPR/Cas9 技术将栽培水稻中移码突变的 *Rc* 基因转换为突变碱基为 3 的倍数的整码突变（in-frame mutation），使该基因恢复功能，得到了原花青素和花青素含量较高的红稻。淀粉分支酶（SBE）是水稻淀粉合成过程中的关键调控酶之一，运用 CRISPR/Cas9 技术对基因 *SBE Ⅱ* 进行敲除后发现，直链淀粉和抗性淀粉含量分别提高 25% 和 9.8%。

油酸对软化血管有一定效用，*Fad2* 基因是编码微体类 ω-6 型脂肪酸脱氢酶的一组基因，是催化油酸转化为亚油酸的关键酶，抑制大豆中 *Fad2* 基因表达可提高其油酸含量。Haun 等（2014）利用 TALENs 技术突变大豆中的 *GmFAD2-1A* 和 *GmFAD2-1B* 基因，获得了种子中油酸含量从 20% 增加到 80%，亚油酸含量从 50% 减少到 4% 以下的高油酸大豆。Wu 等（2020）利用 CRISPR/Cas9 技术敲除掉大豆品种 JN38 中的 *GmFAD2-1A* 和 *GmFAD2-2A*，获得了油酸和蛋白含量提高的基因编辑大豆，T$_2$ 代基因编辑大豆中油酸含量从 17.10% 增加到 73.50%，亚油酸含量从 62.91% 下降到 12.23%，蛋白质含量从 37.69% 提高到 41.16%。

豆腥味对豆制品的食用品质和营养价值有很大影响，豆腥味的产生是因为籽粒中的脂肪氧化酶（Lipoxygenase，LOX）催化不饱和脂肪酸的加氧反应产生醛、醇、酮等挥发性物质造成的。Wang 等（2020）利用基因编辑载体 pGES201，设计 sgRNA-GmLox1/2 和 sgRNA-GmLox3 两个载体靶向大豆中的 3 个 *GmLOX* 基因（*GmLox1*，*GmLox2*，*GmLox3*），转化至大豆国审品种'华春 6 号'，获得了 3 个 *GmLox* 基因功能全缺失的突变体，开发出了无豆腥味的基因编辑大豆。

类胡萝卜素是维生素 A 的前体，具有抗氧化和抗癌特性。研究表明，DNA 损伤 UV 结合蛋白 1（DNA Damage UV Binding protein 1，SlDDB1）、 （deetiolated1，SlDET1）和番茄红素 β 环化酶（Lycopene beta cyclase，SlCYC-B）与番茄中类胡萝卜素的积累有关。Hunziker 等（2020）利用 Target-AID 碱基编辑系统对番茄中的 *SlDDB1*、*SlDET1* 和 *SlCYC-B* 基因进行编辑，其中 *SlDDB1* 实现了 Ala8383Pro，*SlDET1* 基因第 11 个外显子缺失了 Gly、Pro 和 Glu 三个氨基酸而导致第二个核定位信号肽失活，*SlCYC-B* 是通过胞苷取代引入终止密码子而产生了截短的蛋白质，获得的两个基因编辑株系中类胡萝卜素的积累明显提高。

维生素 D 是人类所必需的微量营养素，主要形式是维生素 D_2（麦角钙化醇）和维生素 D_3（胆钙化醇）。7-脱氢胆固醇（7-DHC）是维生素 D_3 生物合成的前体，在暴露于户外紫外线（UVB）时可以合成维生素 D_3。7-DHC 存在于番茄叶片和未成熟的绿色果实中，但随着果实成熟，7-DHC 还原酶将 7-DHC 合成为胆固醇。Li 等（2022）利用 CRISPR-Cas9 系统对编码 7-DHC 还原酶的 *Sl7-DR2* 基因进行敲除，发现 *Sl7-DR2* 失去活性后并没有影响植物甾醇和油菜素内酯的生物合成，对番茄品系的生长、发育或产量也都没有影响，但叶片和未成熟的绿色果实中 7-DHC 的水平大幅增加，进行 UVB 照射后番茄中的 7-DHC 转化为维生素 D_3，其含量相当于两个中等大小的鸡蛋或 28 g 金枪鱼中的维生素 D_3 含量。

γ-氨基丁酸（简称 GABA）又称胺酪酸，是一种天然存在的非蛋白质氨基酸，是哺乳动物中枢神经系统中重要的抑制性神经递质，在人体内直接调控肌肉张力，具有稳定情绪、帮助降低血压等功效，广泛存在于动植物体内。植物体内 GABA 可以通过 H^+ 依赖性谷氨酸脱羧酶（GAD）从 L-谷氨酸合成。GAD 广泛存在于植物基因组中，作为 GABA 生物合成的关键酶，在其 C 端含有一个调节酶活的自抑制域，删除该域可以增加 GAD 活性。番茄基因组 GAD 有五个基因（*SlGAD1*~*SlGAD5*），其中 *SlGAD2* 和 *SlGAD3* 在番茄果实发育过程中表达。筑波大学 Hiroshi Ezura 团队以及其附属公司"Sanatech Seed"利用 CRISPR/Cas9 删除了 *SlGAD3* 基因的自抑制结构域，在自身抑制域之前立即引入终止密码子，获得了富含 GABA 的基因编辑番茄。基因编辑番茄的 GABA 含量是普通番茄的 5~6 倍。一个基因编辑番茄（约 15 g）含有 15 mg GABA，可满足正常人一天的摄入量。

表2-3 基因编辑技术在作物品质改良中的应用

作物	基因名称	功能	表型	编辑类型	参考文献
大豆	*GmFAD2-1A* 和 *GmFAD2-1B*	脂肪酸去饱和酶,将单不饱和油酸转化为多不饱和油酸	大豆种子油酸含量显著增加,亚油酸含量显著下降	敲除	Haun et al., 2014
大豆	*GmFAD2-1A*, *GmFAD2-1B*, *GmFAD3A*	脂肪酸去饱和酶2、ω-3脂肪酸去饱和酶	提高作物油脂品质,增加油酸含量	敲除	Du et al., 2016
大豆	*GmFAD2-1A*, *GmFAD2-2A*	脂肪酸去饱和酶	油酸含量升高,籽粒尺寸小,种皮颜色加深	敲除	Wu et al., 2020
大豆	*GmFAD2-2*	微粒体omega-6去饱和酶	油酸浓度显著升高,棕榈酸含量下降	敲除	al Amin et al., 2019
大豆	*GmLox1*, *GmLox2*, *GmLox3*	脂氧合酶同工酶,催化不饱和脂肪酸如亚麻油酸和亚麻酸氧化,产生氧化氢过氧化物,这些不饱和脂肪酸过氧化物转化为挥发性化合物	无豆腥味	敲除	Wang J et al., 2020
玉米	*ZmBADH2a/b*	与2-酰基-1-吡咯啉的合成阻断有关	2-酰基-1-吡咯啉累积,产生具有芳香种质的玉米	敲除	Wang et al., 2021

续表

作物	基因名称	功能	表型	编辑类型	参考文献
玉米	*Waxy*	编码一种颗粒结合的淀粉合酶，调控直链淀粉的合成。	种子淀粉为100%的直链淀粉，产生糯性玉米	敲除	Gao et al., 2020
玉米	*Wx*, *SH2*	NDP-葡萄糖-淀粉葡糖基转移酶；胚乳ADP-葡萄糖焦磷酸化酶大亚基	产生超甜和具有糯性种质的玉米	敲除	Dong et al., 2019
水稻	*OsPHYB*	水稻光敏色素B	粒重和垩白度增加，直链和可溶性糖和游离脂肪酸增加，突变体籽粒的凝胶稠度和蛋白含量降低	敲除	Li et al., 2022
水稻	*OsFAD2*	脂肪酸脱饱和酶	籽粒油酸含量显著上升	敲除	任代胜等, 2021
水稻	*RcRd*	*Rc*编码碱性螺旋-环-螺旋(bHLH)转录因子，*Rd*编码二氢黄酮醇-4-还原酶(DFR)蛋白，RcRd基因型在普通野生稻中产生红色果皮。	籽粒中原花色素和花青素含量高，红稻	*Rc*整码突变	Zhu et al., 2019

续表

作物	基因名称	功能	表型	编辑类型	参考文献
水稻	Waxy	编码颗粒结合淀粉合酶（GBSS），也称为蜡质蛋白，调控胚乳中直链淀粉的合成	直链淀粉含量低，糯稻	缺失突变	Zhang et al., 2019
水稻	SBEII	编码淀粉分支酶，调控水稻淀粉合成	直链淀粉和抗性淀粉含量分别提高25%和9.8%	敲除	Sun et al., 2017
番茄	Sl–DR2	7-脱氢胆固醇还原酶，将7-脱氢胆固醇（7-DHC）转化为胆固醇	番茄中积累7-DHC，在阳光照射下将积累的7-DHC转化为维生素D3	敲除	Li et al., 2022
番茄	SlGAD3	H⁺依赖性谷氨酸脱羧酶（GAD），γ-氨基丁酸生物合成关键酶	GAD活性提高，γ-赖氨酸含量增加	敲除	Satoko Nonaka et al., 2017
番茄	SlDDB1、SlDET1和SlCYC-B	番茄DNA损伤UV结合蛋白、光敏色素信号转导的负调控因子、番茄红素β环化酶	富含番茄红素、类胡萝卜素	敲除	Johan et al., 2020

(三)提高作物抗逆性

1. 提高作物除草剂抗性

农田中杂草的存在会与作物争夺生长空间、水分、肥料、阳光,并直接或间接传播病虫害,从而抑制作物生长,降低作物产量,甚至严重影响作物品质。培育耐除草剂作物是控制杂草危害的有效措施。利用基因编辑技术对乙酰乳酸合酶(acetolactate synthase,ALSase)(EC 4.1.3.18)、乙酰辅酶 A 羧化酶(acetyl coenzyme a carboxylase,ACCase)(EC 6.4.1.2)和 EPSPS 酶(EC 2.5.1.19)等除草剂耐受性相关基因进行定点突变或修饰,能够赋予基因编辑作物耐除草剂特性。目前已利用基因编辑技术成功在水稻、玉米、大豆、油菜等多种作物上培育出了耐除草剂材料(表 2-4)。

表 2-4 基因编辑技术培育耐除草剂作物

作物种类	靶标基因	突变位点	编辑工具	耐除草剂类型	参考文献
水稻	*ALS*	Ala96V	CBE	磺酰脲类除草剂	Shimatani et al., 2018
	ALS	W548L,S627I	CRISPR/Cas9	磺酰脲类除草剂	Endo et al., 2016
玉米	*ALS*	Pro165S	CRISPR/Cas9	磺酰脲类除草剂	Svitashev et al., 2015
小麦	*ALS*	Pro174F,P174S	CBE	磺酰脲类除草剂	Zhang et al., 2019
西瓜	*ALS*	Pro190S	CBE	磺酰脲类除草剂	Tian et al., 2018
油菜	*BnALS1*	Pro197S	CBE	苯磺隆	Wu et al., 2020
小麦	*ACCase*	Ala1992V	CBE	磺酰脲类除草剂	Zhang et al., 2019
水稻	*EPSPS*	T102I+P106S	CRISPR/Cas9	草甘膦	Li et al., 2016
油菜	*EPSPS*	Thr102I/Pro106S	CRISPR/Cas9	草甘膦	Wang et al., 2021

续表

作物种类	靶标基因	突变位点	编辑工具	耐除草剂类型	参考文献
油菜	*EPSPS*	L169F, G173A, A175G, M176C, and R177L	CRISPR/Cas9	草甘膦	Wang et al., 2021
亚麻	*EPSPS*	Thr178I/Pro182A	CRISPR/Cas9	草甘膦	Sauer et al., 2016
水稻	*TubA2*	Met268T	ABE	二硝基苯胺类除草剂	Liu et al., 2021
大豆	*ALS*	P178S	ABE	磺酰脲类除草剂	Li et al., 2015

5-烯醇式丙酮酰莽草酸-3-磷酸合酶（5-enolpyruvylshikimate-3-phosphatesynthase，EPSPS）是广谱除草剂草甘膦的靶标酶。草甘膦与EPSPS和S3P形成结构稳定的EPSPS-S3P-草甘膦复合物，导致EPSPS活性丧失，莽草酸在组织中快速积累，芳香族氨基酸的合成受阻，引起植物体内生长代谢紊乱，导致植物死亡。研究发现，EPSPS酶中有一段序列在植物和细菌中都高度保守，这段序列对EPSPS结合磷酸烯醇式丙酮酸（PEP）或其竞争性抑制剂草甘膦至关重要，如序列中的双氨基酸［T102I+P106S（TIPS）］的自然替代能使牛劲草具有草甘膦除草剂耐受性（Yu et al., 2015）。Li等利用基因编辑技术和双链DNA引导在水稻EPSPS中引入TIPS，获得了耐受草甘膦的转基因水稻。他们构建了两个水稻转化载体：一个是基因编辑载体，含有Cas9和两个sgRNAs（C3和C5），这两个sgRNAs来自水稻*EPSPS*基因的1和2内含子的序列区；另一个是供体载体，含有C3靶位点的PAM序列、包含于三个核苷酸替代的*EPSPS*的外显子2序列和C5靶位点PAM序列三部分，其中替代的3个核苷酸为C518T、C529T和A531G。C518T和C529T替换导致TIPS氨基酸替换，A531G是产生*PvuI*位点便于后续检测。通过共转化将两个载体同时导入水稻中，以双链DNA为修复模板，通过同源重组修复方式获得了产生

TIPS 的耐草甘膦基因编辑水稻，而且这种草甘膦耐受性能够稳定遗传给后代（Li et al.，2016）。Sauer 等（2016）通过 CRISPR/Cas9 在亚麻 *epsps* 基因中产生双链 DNA 断裂，通过以单链寡核苷酸（ssODNs）为修复模板进行同源重组修复，在 *epsps* 基因中引入 T178I 和 P182A 双氨基酸定点替换，培育出了耐草甘膦亚麻。Wang 等（2021）利用基于铜绿假单胞菌 CRISPR 相关 RNA 内切核糖核酸酶 Csy4 的 CRISPR/Cas9 基因编辑系统，在油菜 EPSPS 蛋白的外显子 2 和外显子 3 中分别实现了 TIPS（T102I，P106S）或 LFGAAGMCRL（L169F，G173A，A175G，M176C，R177L）碱基替换，培育出了耐草甘膦的基因编辑油菜。

乙酰乳酸合酶（acetolactate synthase，ALSase）（EC 4.1.3.18）是植物缬氨酸、亮氨酸和异亮氨酸等支链氨基酸生物合成的关键酶，同时也是碘酰脲类和嘧啶羧酸类除草剂靶标酶。*ALS* 基因中几个保守位置的单位点突变能使植物获得除草剂耐受性（Yu et al.，2014）。基于此，Kuang 等（2020）对水稻 *ALS1* 基因的不同位点进行编辑，鉴定出 4 个新的变异位点，将 P171F 变异位点引入到南粳 46 中，选育出了抗除草剂新品种洁田稻。Wu 等（2020）利用 CBE 单碱基编辑器在乙酰乳酸合成酶基因 *BnALS1* 中引入 P197S 突变，创制出苯磺隆除草剂抗性的油菜。Zhang 等利用 CBE 对水稻 *ALS* 基因的 P171 和 / 或 G628 密码子进行突变，结果发现，P171S 和 P171A 对双草醚的耐受性比 P171Y 和 P171F 低，对其他除草剂没有耐受性；P171F/G628E/G629S 三个位点突变的植株对烟嘧磺隆等五种代表性的 ALS 抑制类除草剂具有最高的耐受性；单位点 P171F 突变植株对烟嘧磺隆具有较高的耐受性（Zhang et al.，2021）。目前已利用基因编辑技术对 *ALS* 基因进行突变，培育出了耐受碘酰脲类和嘧啶羧酸类除草剂的水稻、小麦、番茄、马铃薯（*S. tuberosum*）、玉米、油菜和西瓜（*Citrullus lanatus*）等多种农作物。

乙酰辅酶 A 羧化酶（acetyl coenzyme a carboxylase，ACCase）作为另一个重要的除草剂靶标，是脂类生物合成的关键酶，通过对其特定氨基酸（如 C2088R，D2176G，G2201A）的替换，能够赋予水稻对芳氧苯氧丙酸（aryloxyphenoxypropionate，APP）、环己烯二酮（cyclohexanedione，CHD）

和苯吡唑啉（phenylpyrazoline，PPZ）类除草剂的抗性。Zhang 等用单碱基编辑技术对小麦乙酰乳酸合成酶基因（Acetolactate synthase，ALS）和乙酰辅酶 A 羧基化酶基因（Acetyl CoA carboxylase，ACC）进行编辑，获得耐受磺酰脲类、咪唑啉酮类和芳氧基苯氧基丙酸酯类除草剂的小麦材料。

微管蛋白基因赋予了许多作物对氟乐灵和其他二硝基苯胺除草剂的抗性。在牛筋草中，编码 α-微管蛋白的 *EiTUA1* 基因中 Met-268-Thr 突变赋予了其耐受二硝基苯胺除草剂抗性。在植物中编码 α 和 β 微管蛋白的基因高度保守，蛋白同源性超过 88%。基于此，Liu 等（2021）利用单碱基编辑器，对水稻内源 *OsTubA2* 进行编辑，将 268 位氨基酸从 M 变成了 T，培育出了耐受二硝基苯胺除草剂的基因编辑水稻。

此外，在抗除草剂相关基因 *OsPPO1* 和 *OsHPPD* 附近，存在携带强启动子的高表达基因 *OsCP12* 和 *OsUbiquitin2*。Lu 等（2021）构建了由双 sgRNA 靶向编辑的 CRISPR/Cas9 载体，通过切割 *OsPPO1* 和 *OsHPPD* 两侧不同位点，诱导其分别产生基因倒位和基因重复的结构变异，从而激活 *OsPPO1* 和 *OsHPPD* 的高表达，实现了"基因敲高（gene knock-up）"在抗除草剂育种中的应用。

2. 提高作物抗病性

利用基因编辑技术破坏作物中病菌易感基因的表达，是提高作物抗病能力的有效方法之一。Oliva 等通过 CRISPR/Cas9 技术突变了 *SWEET11*、*SWEET13* 和 *SWEET14* 三个基因的启动子，鉴定得到对白叶枯病具有广谱抗性的水稻株系。Wang 等利用 CRISPR/Cas9 技术靶向敲除稻瘟病感病品种空育 131 中的 *OsERF922* 基因，获得的突变系对稻瘟病抗性比野生型显著提高。Macovei 等利用 CRISPR/Cas9 技术诱导水稻东格鲁球形病毒（RTSV）敏感品种 IR64 中的 *eIF4G* 发生突变，筛选鉴定到具有 RTSV 抗性的相对高产水稻。Wang 等通过 TALEN 与 CRISPR/Cas9 技术在六倍体小麦中编码抗霉位点的蛋白的 3 个等位基因 *TaMLO-A1*、*TaMLO-B1*、*TaMLO-D1* 中引入靶向突变，得到对白粉病具有广谱抗性的小麦。

碱基编辑器还可以通过介导功能基因的表达变化赋予作物抗病性。通过 BEs 介导水稻 *FLS2* 基因的单碱基替换，对其 Ala948 位点进行 Asp 或 Glu 替换，使 FLS2 激酶结构域发生改变，能促使水稻对病原性细菌产生更强的免疫反应。而且，通过单碱基突变还可以介导显隐性抗病基因之间的转化，在水稻隐性基因 *pi-d2* 第 441 位氨基酸上引入 G-to-A 突变（M441I），使其转化为显性抗性等位基因 *Pi-d2*，恢复了其稻瘟病 R 基因的生物学功能（Ren et al.，2018）。

目前通过基因编辑技术已分别获得抗真菌病害、细菌病害和病毒病害等的水稻、小麦、烟草等（表 2-5）。

表 2-5 基因编辑技术在抗病作物中的应用

	植物种类	病害名称	编辑基因	基因功能	参考文献
真菌病害	水稻	稻瘟病	*OsERF922*	抗稻瘟病的负调控因子	Wang et al.，2016
	水稻	稻瘟病	*Pi21*	广谱抗病基因	Yang et al.，2023；Nawaz et al.，2020
	水稻	稻瘟病	*Bsr-d1*	稻瘟病抗性相关基因	Zhang et al.，2024
	小麦	条锈病	*TaPsIPK1*	易感基因	Macho A et al.，2022；Wang et al.，2022
	大豆	赤霉病	*GmTCP19L*	TCP 转录因子	Fan et al，2022
	番茄	晚疫病	*miR482b/miR482c*	植物应激反应基因	Hong et al.，2021
	马铃薯	晚疫病	*StSR4*	易感基因	Moon et al.，2022
	西瓜	枯萎病	*Clpsk1*	负调控因子	Zhang et al.，2020
	棉花	黄萎病	*Gh14-3-3d*	负调控因子	Zhang et al.，2018
	辣椒	炭疽病	*CaERF28*	易感基因	Mishra et al.，2021

续表

	植物种类	病害名称	编辑基因	基因功能	参考文献
细菌病害	番茄	细菌斑点病	*SlJAZ2*	COR的主要共受体	Ortigosa et al.，2019
	苹果	火疫病	*MdDIPM4*	易感基因	Pompili et al.，2020
	水稻	白叶枯病	*SWEET11*，*SWEET14*	易感基因	Zeng et al.，2020；Oliva et al.，2019
	柑橘	溃疡病	*CsLOB1*	易感基因	Peng et al.，2017
	香蕉	细菌性枯萎病	*DMR6*	易感基因	Tripathi et al.，2021
	水稻	白叶枯病	*Xa13*	调节水稻白叶枯病抗性并参与花药发育	Li et al.，2020
病毒病	番茄	辣椒斑点病毒病	*eIF4E1*	易感基因	Yoon et al.，2020
	小麦	黄花叶病毒病	*eIF4E*	易感基因	Hahn et al.，2021；Kan et al.，2023
	烟草	Y病毒病	*eIF4E*基因家族	易感基因	Le et al.，2022

第三章 基因编辑植物的安全管理

目前不同国家对基因编辑植物监管态度的差异，本质上是"转基因"或"基因修饰"植物监管政策及其理解的差异所造成。世界范围内尚未见到针对基因编辑植物监管的专门立法，主要国家和地区均是在现有转基因植物监管及其他相关法规框架内进行解读，基本都是采取个案分析和分类管理原则，将引入外源基因的基因编辑植物按转基因产品对待，与转基因植物采取相同的管理政策；对于没有引入外源基因的基因编辑植物，各国依据自身国情采取适宜的管理政策（表3-1）。

表3-1 各国基因编辑植物管理法规及政策

国家	监管法律或指令	监管方式
阿根廷	Resolucion 173/2015	个案分析 SDN1和SDN2不视为转基因产品，SDN3视为转基因产品进行监管
智利	Resolucion 1523/2001.2017	个案分析，源于阿根廷
巴西	Normativa 16.2018	个案分析，源于阿根廷
哥伦比亚	Resolucion 29299.2018	个案分析，源于阿根廷
澳大利亚	《基因技术协定》	基于过程分析
	FSANZ专家咨询	SDN3和转基因嫁接的产品视为转基因产品；ODM和SDN1及它们衍生的产品不应视为转基因产品
新西兰	CPB，FSANZ专家咨询	基于过程分析，同澳大利亚

续表

国家	监管法律或指令	监管方式
欧盟	法规（EU）503/2013，指令（EU）2018/350（对指令2001/18/EC的修订）	基于过程分析 对于遗传信息以非自然方式发生改变的均视为转基因作物，按照转基因作物的程序监管
美国	《SECURE》	个案分析
加拿大	Plant Protection Act	个案分析 判断是否为PNT植物，并根据性状变异程度监管
日本	《基因编辑食品和食品添加剂安全处理指南》 《基因编辑饲料和饲料添加剂安全处理指南》	个案分析 不论是否能检测到外来核苷酸，任何在宿主基因组中具有外来核苷酸的活生物体都应受到监管

一、国际基因编辑植物安全管理

（一）美国

1. 管理政策

美国没有出台专门针对基因编辑产品管理的法律，美国政府对基因编辑植物产品监管采取以最终产品为监管对象，遵循"个案分析原则"，由美国农业部（USDA）、环境保护署（EPA）和食品药品监督管理局（FDA）共同管理。

美国环境保护署监管的基因编辑作物被进一步定义为植物嵌入式农药（Plant-incorporated protectants, PIPs），PIPs既包括了通过基因编辑能产生具有农药活性物质的作物（如产生抗虫Bt蛋白的转基因作物），也包括了通过基因编辑引入任何惰性物质的作物（如产生抗除草剂性状的转基因作物）。美国环境保护署2020年10月9日在联邦公报上公开40 CFR Part 174法规草案，拟豁免部分使用基因编辑技术研发的植物内源式农药（PIP）；2023年5月25日发布公告与指南，宣布针对两类采用新型生物技术的基因编辑作物明确了批准的豁免条件。环境保护署可豁免的PIPs类型包括：（1）该PIPs通过基因编辑技术插入或修改的基因同样也存在于有性亲和植物中，即类似于传统育种中仅强化作物本身或近缘物种的某种目标性状。（2）通过基因编辑技术获得具有抵抗病虫害的功能缺失性（loss of function）PIPs，即类似于同传统育种中仅对某个内在性状进行改良。但和农业部不同的是，环境保护署需要对新型PIPs安全性进行充分判断，还需要证明这些PIPs能通过传统育种方式来实现，即环境保护署仍然要求申请人提交数据证明新型PIPs与传统育种作物相比在安全性上无本质性差异，为此EPA还发布了详细的监管豁免原则（88 FR 34756）。食品药品监督管理局2024年2月22日发布了一份行业指南，规定企业在销售基因编辑植物食品之前可以通过自愿上市前咨询或自愿上市前会议等方式向FDA通报其基因编辑植物品种的食品安全性，这个新流程旨在帮助简化基因编辑植物食品进入市场的途径，同时确保FDA的保障措施到位。

2. 基因编辑产品

经过美国农业部咨询流程确定为一般传统作物的基因编辑作物包括水稻、蘑菇、马铃薯、大豆、小麦、玉米等（表3-2）。但这些案例并非意味着美国对基因编辑植物完全放开，不进行监管，需要根据规定向环境保护署和食品药品监督管理局咨询。目前食品药品监督管理局只批准了高油酸大豆和基因编辑马铃薯JA36的应用。

高油酸大豆FAD2KO是由Calyxt公司研发的，通过TAILEN技术敲除了*FAD2-1A*和*FAD2-1B*两个基因，其中*FAD2-1A*删除了63 bp，*FAD2-1B*基因敲除了23 bp。2014年11月，calyxt公司通过法规咨询程序向美国农业部递交了FAD2KO的评价资料，主要包括转化方法、TALEN表达盒信息、高油酸大豆的特性、不含有TALEN表达盒等遗传操作元件的分子特征信息。2015年5月美国农业部动植物检验检疫局确认FAD2KO可以免予监管。2017年11月，Calyxt公司向FDA首次递交了该基因编辑大豆的评价资料。主要内容包括基因编辑大豆及其加工品的营养成分分析以及与已有的高油酸油的成分比较。通过这些评价资料，FDA于2019年2月26日正式确认该产品的食用安全性。高油酸大豆于2018年开始在美国种植，2019年种植了1.7万hm²，2020年种植了4.0万hm²。

基因编辑土豆JA36是通过CRISPR/Cas9基因编辑技术敲除了 *Gn2* 基因，能够产生更多块茎。FDA根据提交的材料得出结论，该基因编辑土豆的成分、安全性及其他参数与目前市场同类产品无实质性差异，因此，不会涉及上市前审查或需要FDA批准的问题。2024年3月7日，美国食品药品监督管理局（FDA）批准将基因编辑土豆JA36用于食品和饲料。在销售源于基因编辑土豆JA36的食品或动物饲料之前要获得美国环境保护局和农业部的许可，同时该产品的上市还需要符合《国家生物工程食品信息披露标准》。

表3-2　2021—2024年美国农业部豁免的基因编辑作物统计表

基因编辑作物	目标性状	豁免时间（年.月）	研发单位	豁免类型
基因编辑大豆	超高蛋白质含量	2024.07	Amfora公司	（b）（1）
基因编辑大豆	生育期缩短、种子变大且数量增多	2024.05	Inari Agriculture	（b）（1）
基因编辑大豆P16	高油酸含量	2024.05	苏州齐禾生物科技有限公司	（b）（1）
基因编辑菥蓂	对 *FAE1* 和 *FAE8* 基因进行编辑，降低种子中的芥子油苷、芥酸和纤维	2024.05	CoverCress Inc	（b）（1）
基因编辑菥蓂	*AOP2* 基因进行编辑，降低种子中的芥子油苷和纤维	2024.05	CoverCress Inc	（b）（1）
基因编辑菥蓂	改变植物成熟时间（早熟）	2024.05	CoverCress Inc	（b）（1）
基因编辑菥蓂	缩短花期	2024.05	CoverCress Inc	（b）（1）
基因编辑大豆	改变种子成分	2024.04	本森希尔公司	（b）（1）
基因编辑大豆	高蛋白	2024.04	本森希尔公司	（b）（1）
基因编辑阿拉伯芥	株型改变（矮化多分枝）	2024.03	新西兰植物和食品研究所有限公司	（b）（1）

续表

基因编辑作物	目标性状	豁免时间（年.月）	研发单位	豁免类型
基因编辑番茄	改变营养品质	2024.03	GFLAS Life Sciences, Inc	(b)(1)
基因编辑大豆	耐HPPD抑制类除草剂	2024.01	Bioheuris Inc	(b)(1)
基因编辑大豆	耐干旱	2024.01	Bioheuris Inc	(b)(1)
基因编辑大豆	原卟啉原氧化酶（PPO）除草剂具有抗性	2024.01	农业生物技术公司 PlantArcBio	(b)(1)
基因编辑黑莓	无刺	2024.01	Pairwise Plant Services, Inc	(b)(1)
基因编辑黑莓	无籽	2024.01	Pairwise Plant Services, Inc	(b)(1)
基因编辑黑莓	提高抗性（CBI）	2024.01	Pairwise Plant Services, Inc	(b)(1)
基因编辑黑莓	改变生长习性	2024.01	Pairwise Plant Services, Inc	(b)(1)
基因编辑豌豆	改变抗营养因子	2023.12	本森希尔公司	(b)(1)
基因编辑大豆	改变种子成分	2023.11	本森希尔公司	(b)(1)
基因编辑番茄	改变果实特性	2023.08	热地植物公司	(b)(1)
基因编辑玉米	改变产量性状	2023.08	Inari Agriculture, Inc.	(b)(1)
基因编辑黑莓	改变种子成分	2023.06	CoverCress Inc.	(b)(1)
基因编辑荠蓝	改变种子成分	2023.06	CoverCress Inc.	(b)(1)
基因编辑荠蓝	改变荚果成分	2023.05	CoverCress Inc.	(b)(1)
基因编辑高粱	除草剂抗性	2023.04	Bioheuris Inc.	(b)(2)
基因编辑玉米	改变生殖功能	2023.04	先正达种子有限责任公司	(b)(1)
基因编辑水稻	除草剂抗性	2023.03	Bioheuris Inc.	(b)(2)
基因编辑马铃薯	改变块茎质量	2023.02	Phytoform Labs Ltd.	(b)(1)
基因编辑大豆	除草剂抗性	2023.01	本森希尔公司	(b)(2)

续表

基因编辑作物	目标性状	豁免时间（年.月）	研发单位	豁免类型
基因编辑棉花	除草剂抗性	2022.12	Bioheuris Inc.	(b)(2)
基因编辑甜橙	抗柑橘溃疡病	2022.12	弗洛里达大学	(b)(1)
基因编辑水稻	生殖功能改变	2022.11	先正达种子有限责任公司	(b)(1)
基因编辑大豆	改变风味	2022.1	本森希尔公司	(b)(1)
基因编辑大豆	改变种子形态和组成	2022.1	本森希尔公司	(b)(1)
基因编辑芥菜	减少毛状体	2022.1	Pairwise Plants Services, Inc.	(b)(1)
基因编辑芥菜	降低辣味	2022.1	Pairwise Plants Services, Inc.	(b)(1)
基因编辑大麦	改变发芽	2022.08	Hartwick College	(b)(1)
基因编辑苜蓿	除草剂抗性	2022.08	Bioheuris Inc.	(b)(2)
基因编辑香蕉	改变果实品质（防褐变）	2022.03	英国热带生物科学有限公司	(b)(1)

（b）(1)：在没有外部提供的修复模板的情况下，由靶向DNA断裂的细胞修复导致的变化；（b）(2)：靶向单碱基对置换。

（二）阿根廷

1. 管理政策

根据阿根廷701/1124号决议，转基因植物是通过使用现代生物技术获得遗传物质新组合的任何植物有机体。由于基因编辑过程中涉及体外重组DNA和将核酸直接导入细胞等手段，基因编辑植物也属于转基因植物范畴。是否存在遗传物质的新组合是阿根廷判定基因编辑植物是否属于转基因植物安全监管范围的关键。

2015年5月，阿根廷颁布了针对基因编辑等新育种技术（new breeding techniques，NBTs）产品的法规，即第173号规范决议（NBT决议），成为首个明确制定NBTs产品监管框架的国家。NBT决议建立了基因编辑植物个案分析的咨询程序，以确定产品是否属于转基因植物法规的监管范围。

若终产品中包含"新的遗传物质组合",则属于转基因植物,按照现有法规进行监管;若终产品中不含有"新的遗传物质组合",则不属于转基因植物法规的监管范围。因此,寡核苷酸定向诱变(ODM)类植物、SDN1和SDN2类基因编辑植物中因无新的遗传物质的组合,在阿根廷新型育种技术监管体系中这些产品不属于转基因植物监管范围。

2021年,对NBT法规进行了更新和简化(第21/2021),此决议主要强调了以下几点:(1)确定通过新育种技术获得的产品是否属于转基因;(2)事先咨询申请中应包括使用的新育种技术、改良的性状、遗传变化的证据,如果在转化过程中使用了外源基因,要证明最终产品中不含有外源基因;(3)按个案进行分析;(4)不局限于特定的技术列表;(5)必须在80个工作日内给出答复;(6)更新了转基因生物体的定义,根据定义,当一个或多个基因或DNA序列被稳定插入植物基因组时,该遗传变化被认为是遗传物质的一种新组合,应受到转基因生物法规的约束。

研发者在产品研发初期就需要走咨询程序,向生物安全委员会咨询预期产品是否可能作为转基因产品进行监管。当研发出产品后,研发者仍需向生物安全委员会提交有关基因编辑的相关材料等待认定。研发者在进行咨询时,应提供用于获得和选育该作物的育种方法、新性状和计划修饰的简单说明、最终产品中存在遗传改变的证据、产品中去除所用转基因的证据等信息,阿根廷国家农业生物技术咨询委员会在80个工作日内做出决定(图3-1)。

2. 基因编辑产品

目前阿根廷批准了防褐变的基因编辑土豆,由阿根廷农业技术研究所研发,2018年获得批准,2020年开始田间试验。

(三)日本

1. 管理政策

日本对基因编辑产品进行分类管理,将基因编辑产品分成两类,第一类是引入外源基因的产品,按照现行基因工程生物法规进行监管;第二类是对于通过基因编辑技术使生物失去原有基因功能,且在自然界中

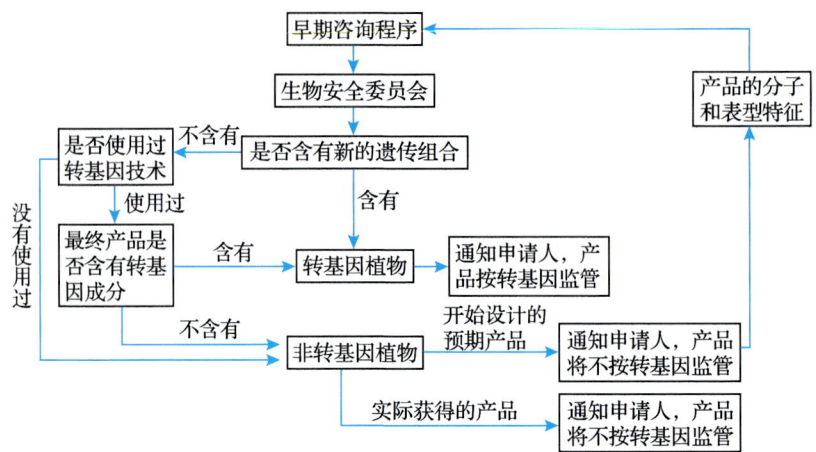

图 3-1 阿根廷新育种技术产品咨询流程图

也可能发生，此类基因编辑产品采取报备管理，只需要向政府提供相关信息即可。基因编辑产品在安全评价前需要进行一个预咨询程序来确定其是否属于第二类产品。日本对基因编辑植物进行监管的部门包括厚生劳动省（MHLW）、农林水产省（MAFF）、文部科学省（MEXT）和环境省（MOE）。

2019年10月，日本农林水产省的植物产品安全部门发布了有关"农业、林业和渔业领域中使用基因编辑技术获得的改性活生物体的特定信息披露程序"的最终指南，该指南重点关注基因编辑产品对生物多样性的影响，由农林水产省食品安全与消费者事务局植物产品安全处负责。研发者需要向农林水产省咨询，来确定基因编辑作物不属于《通过改性活生物体的使用条例保护和可持续利用生物多样性法》的"改性活生物体"（法案号：2003年第97号，在下文中称《卡塔赫纳法案》），在"农业、林业和渔业领域中使用基因编辑技术获得的改性活生物体的特定信息披露程序"指南范畴之内。确定后根据指南要求提供相关数据。提交材料主要包括：（1）基因编辑生物的名称和摘要；（2）相应生物体的应用；（3）使用设施概要；（4）基因编辑生物中不含《卡塔赫纳法案》规定的细胞外加工的核酸或其任何复制产物的证据；（5）改性生物的分类学种类；（6）基因编辑方法；（7）被编辑基因及其相应的功能；（8）编辑后引起的相应变化；（9）除上述8点之外，是否还存在其他变化，如有请描述；（10）关于对生物多样性造成不利影响的可能性的讨论（指由于使用改性活生物体而造成的不利于生物多样性的风险）。上述资料提交至农林水产省植物产品安全处后，植物产品安全处应立即将提交信息的全部复印件送到环境省自然保护局野生动物部门。在上述确认过程中，如有必要，应征求具有专业学术经验的人士的建议。此外，如有任何疑问，应要求提供附加信息。植物产品安全部门认为该生物不属于改性活生物体，并且已从对生物多样性的不利影响的角度完成了相应评价，则应通知研发者。

2020年厚生劳动省分别发布了最终的《基因组编辑食品和食品添加剂安全处理指南》。该指南指出，对于基因编辑技术引入外源基因的食品属于转基因食品，必须进行相应的安全性审查并按照现行基因工程生物法规进行监管；对于通过基因编辑技术使生物失去原有基因功能，且在自然界中也可能发生，视为与利用传统育种技术获得的食品等同安全，只需要向政府提供相关信息即可。研发人员首先向厚生劳动省的食品安全标准和评价司新兴食品卫生政策办公室提交材料进行预咨询，厚生劳动省与药事食品卫生委员会/食物卫生组会议/新兴食物咨询委员会/转基因食物小组委员会确认（必要时也可通知研发者）进行预咨询的食品是否属于通知范畴或属于需经过安全评估的范畴。另外，在小组委员会的确认过程中，如果认为需要征求食品安全委员会（FSC）的意见，则厚生劳动省应咨询FSC并根据答复确定其处理方式并将结果提供给研发者。对于经预咨询确认属于基因编辑食品的，研发者应按厚生劳动省要求提交所需材料，包括：（1）作物品种和名称、摘要（包括目的和用途）；（2）基因编辑技术方法及其编辑的细节；（3）提供不存在导入的外源基因或外源基因片段的证据；（4）基因编辑后不会产生过敏原或增强已知的固有有毒物质、不会对人类健康产生危害的证据；（5）如果该编辑是对代谢途径的改变用以增强或减少特定成分，则需提供新代谢途径中主要成分（仅营养成分）变化的信息；（6）开展时间。对于进口产品采取相同的程序，并且允许进口商代表研发者执行该过程；对于利用传统育种技术将传统品种与基因编辑品种进行杂交产生的后代，厚生劳动省将继续对其进行评价，杂交后代的研发者应在厚生劳动省制定措施之前事先与厚生劳动省进行协商。此外,厚生劳动省还规定基因编辑品种与常规品种(包括:①常规育种获得的品种;②厚生劳动省已公开信息的基因编辑品种;③已通过安全审查的转基因品种)的杂交后代的衍生食品,上市前无需向厚生劳动省通报。

2020年农林水产省发布了最终的《基因组编辑饲料和饲料添加剂安全处理指南》。指南指出,研发者需要向农林水产省进行咨询,确认该产品是否属于基因编辑饲料和饲料添加剂指南管理范围之内。确认工作由农林水产省与农业物资委员会/饲料委员会/转基因饲料小组委员会共同完成,必要时需要咨询食品安全委员会的意见。如果确认属于管理范围内,根据要求提供相应材料。提供的材料与基因编辑食品类似,只是不需要提供是否会产生过敏原的信息及对人类不产生危害的证据。

2. 基因编辑产品

目前,批准上市的产品是富含 γ-氨基丁酸(GABA)的基因编辑番茄。此基因编辑番茄是利用CRISPR/Cas9删除了H^+依赖性谷氨酸脱羧酶(GAD)*SlGAD3*基因的自抑制结构域而获得的,具有降低血压、稳定情绪的功效,由筑波大学Hiroshi Ezura团队以及其附属公司Sanatech Seed研发。基因编辑番茄的GABA含量是普通番茄的5~6倍,一个基因编辑番茄(约15 g)含有15 mg GABA,可满足正常人一天的摄入量。2020年12月11日日本厚生劳动省通过了富含 γ-氨基丁酸的基因编辑番茄的销售申请。Sanatech Seed公司于2021年9月15日开始在合同农场种植并销售GABA高积累番茄果实,2021年10月接受了2022年家庭花园苗木的首批预订,通过网络公司能够直接向消费者提供GABA高积累量的番茄。

(四)欧盟

1. 管理政策

欧盟对待转基因生物及其产品的态度较为谨慎,其对基因编辑植物和转基因植物的态度一致,采用过程管理原则。2018年7月25日,欧洲法院最终决定:基因编辑对生物基因材料改变并非自然发生,符合2001/18/EC指令中对GMOs的定义,基因编辑技术获得的生物品种按转基因生物进行监管。考虑到此裁决对欧盟经济的影响，欧盟委员会首席科学顾问组2018年11月发表了声明指出转基因监管法律不适用于新技术。欧盟部分成员国、政府组织、科学家团体和产业组织都认为把基因编辑纳入转基因监管框架的监管政策，将阻碍基因编辑技术的发展，呼吁欧盟当局对现行法规进行修改。

2019年11月8日，欧盟理事会要求欧盟委员会在2021年4月30日之前提交一份有关欧盟基因编辑技术现状的研究报告和提案，并附上影响评估结果。2021年4月29日，欧盟委员会提交了研究报告，报告中指出，现行转基因生物立法的风险评估要求和审批程序不适用于基因编辑等NGT（新基因组技术）获得的植物产品，如对于无法提供特定检测方法的基因编辑植物将难以实施，利用现行的转基因生物立法监管基因编辑产品不利于创新产品的开发，得出欧盟现有转基因生物管理法规限制创新的结论。

2021年4月，欧盟委员会向担任欧盟轮值主席国的国家（葡萄牙）发出了一封正式信函，要求启动有关NGT立法的修改，征求公众对修改建议的意见。至2022年10月，在受访的公民和各种组织中，80%的受访者支持修改NGT立法。基于此，欧盟委员会于2023年7月5日公布了一项关于NGTs获得植物的法规提案，拟进一步放松基因编辑植物监管。2024年2月7日，欧洲议会投票通过了欧盟委员会关于新兴基因组技术植物立法提案，决定减少对基因编辑技术培育作物的监管，植物育种者贸易组织称此项决定有望促进创新和农业的可持续发展。

新基因组技术植物立法规定了通过新基因组技术获得的植物向环境释放的规则，适用于NGT植物，包含NGT植物或以NGT植物生产或含有产自NGT植物组分的食品，包含或者来自这些新基因组植物的饲料，以及包含或由NGT植物组成的其他产品。

新基因组技术植物立法提案指出，NGT植物是指通过定向诱变（targeted mutagenesis）或同源转基因（cisgenesis，包括intragenesis）或两者结合获得的转基因植物，其中不含有任何来自育种者基因库之外的遗传物质，一些外源遗传物质可能临时插入基因组中，但在NGT植物培育过程中已经被分离出去。育种者基因库指的是一个物种、其有性可杂交物种以及利用胚拯救、多倍体育种技术等可杂交的物种中含有的、可获得的全部基因组信息。定向诱变技术是指在生物体基因组的精确位置上导致 DNA 序列改变的技术，同源转基因技术是指在生物体基因组中插入本物种自身的基因的技术，内源转基因（intragenesis）技术属于同源转基因技术的一种，引起育种者基因库中已经存在的 2 个或多个 DNA 序列在生物体基因组中的重排。

为了与欧盟转基因生物立法的目标一致，同时解决 NGT 植物的特殊性，新基因组技术植物立法中将 NGT 植物分成两类，采取分类管理。第 1 类 NGT 植物是指发生的基因修饰可以自然发生或通过传统育种技术产生，这类 NGT 植物与常规植物等同且风险具有可比性，第 1 类 NGT 植物和产品不应受制于欧盟转基因生物立法的规则和要求，但为了运营商的法律确定性和透明度，在有意释放（包括投放市场）之前，应获得第 1 类 NGT 植物的证明，采取验证程序管理。第 2 类为除第 1 类以外的 NGT 植物，在遵守欧盟转基因生物立法要求的基础上提供特殊规则，以使指令 2001/18/EC 和第 1829/2003 号条例（EC）中规定的程序和某些其他规则适应第 2 类 NGT 植物的特殊性质，及其可能造成的不同风险水平，采取授权程序管理。此外，第 1 类 NGT 植物仍应遵守适用于常规培育植物的任何监管框架，与传统植物和产品一样，这些 NGT 植物及其产品将受关于种子和其他植物繁殖材料、食物、饲料和其他产品的适用部门立法以及横向框架的管辖，如自然保护立法。当第 1 类 NGT 食品的组成或结构发生了显著变化，影响了食品的营养价值、新陈代谢或不良物质水平，将被视为新型食品，属于欧洲议会和理事会第 2015/2283 号法规（EU）的范围，并将在此背景下进行风险评估。

1）第 1 类 NGT 植物及产品的评审程序

在环境释放前需要通过验证程序，由主管部门对 NGT 植物进行核验，核验后主管部门会发布声明，表明此 NGT 植物是否属于第 1 类。

对于不以投放市场为目的的第 1 类 NGT 植物，申请人向计划环境释放地的主管当局提交申请（如果打算在一个以上的成员国同时环境释放，向其中一个主管当局提交验证申请即可），来验证是否属于第 1 类 NGT 植物。提交的验证申请应按照第 178/2002 号法规第 39f 条规定的标准数据格式提交，材料中应包括：(1) 申请者的姓名和地址。(2) NGT 植物试验的名称和规格。(3) 已引入或修改的特征特性描述。(4) 研究结果的证明材料，证明 NGT 植物中不包含本身物种以外的任何遗传物质，NGT 植物满足法案中规定的第 1 类 NGT 植物的标准。(5) 申请人打算进行释放的成员国国家。(6) 申请人要求保密的核实申请部分和其他补充信息。主管当局及时向申请者确认收到核查请求，告知收到的日期，并将请求提供给其他成员国和委员会。如果申请中未包含所有必要信息，主管当局应在收到申请之日起 30 个工作日内宣布不予受理，并及时通知申请者、其他成员国和委员会并提供其做出不予受理决定的理由。如果接受申请，主管当局应核查申请的 NGT 植物是否符合第 1 类 NGT 植物的标准，并在收到请求之日起 30 个工作日内编写一份核查报告，及时向其他成员国和委员会提供验证报告。其他成员国和委员会可在收到验证报告之日起 20 天内提出意见。如果没有意见，在征求意见截止日期后的 10 个工作日内，编制报告的主管当局做出 NGT 植物是否属于第 1 类的决定，并及时将决定传达给申请人、其他成员国和委员会。如果另一成员国或欧委会在征求意见日期截止前提出意见，编制验证报告的主管当局及时将意见提交欧委会，委员会在咨询欧洲食品安全局后，在收到意见之日起 45 个工作日内准备一份决定草案，宣布 NGT 植物是否为第 1 类 NGT。委员会在《欧盟官方公报》上公布决定的摘要。

对于以投放市场为目的的 NGT 产品，如果还未获得属于第 1 类 NGT 植物的声明，申请者需要向主管部门提交验证申请，提交的验证申请应按照第 178/2002 号法规第 39f 条规定的标准数据格式提交，提交的材料在不影响第 178/2002 号法规（EC）第 32b 条要求的任何附加信息的情况下，还应包括：(1) 申请者的姓名和地址。(2) NGT 植物的名称和规格。(3) 已引入或修改的特征特性描述。(4) 研究结果过证明材料，证明 NGT 植物中不包含本身物种以外的任何遗传物质，NGT 植物满足法案中规定的第 1 类 NGT 植物的标准。(5) 申请人打算进行释放的成员国国家。(6) 申请人要求保密的资料和其他补充信息，保密资料包括 DNA 序列、育种模式和策略以及178/2002指令中规定的可以保密的资料等。主管部门收到验证请求后立即向申请人确认并说明收到日期。主管部门及时向成员国和欧盟委员会提供删除保密信息的验证请求，并公布申请者提供的验证请求、相关支持信息和补充信息。如果申请中未包含所有必要信息，管理局应在收到申请之日起30个工作日内宣布不予受理，及时通知申请者、其他成员国和委员会并提供做出不予受理决定的理由。如果受理申请，管理局应核查申请的NGT植物是否符合第1类NGT植物的标准，并在收到请求之日起30个工作日内提交其关于NGT植物是否属于第1类NGT的声明，并向欧委会和成员国提供该声明，对外公开删除保密信息后的声明。欧委会应在收到管理局声明之日起30个工作日内准备一份决定草案，宣布申请的NGT植物是否属于第1类NGT植物。

委员会应建立一个电子系统，用于申请者提交验证申请以及成员国、委员会和管理局之间的关于验证申请信息交流。建立一个宣布NGT植物状态决定的数据库，数据库包含申请者姓名和地址、NGT植物的名称、用于获得遗传修饰的技术描述、对已引入或修改性状和特征的描述、识别号码以及做出的决定。该数据库向公众开放。

关于第1类NGT植物的标识管理，规定：包含或由第1类NGT植物组成的植物繁殖材料，包括用于育种和科学目的的植物繁殖材料，当提供给第三方使用时，无论付费还是免费，都应带有一个标签，标明第1类NGT植物和其识别号。

2）第2类NGT植物及产品的评审程序

采用授权程序，欧盟立法中适用于转基因生物的规则，只要没有被本法规减损，就适用于第2类NGT植物和产品。

对于不以投放市场为目的的环境释放，需提供指令2001/18/EC第6条中通告的内容，包括：（1）申请人的名称和地址。（2）已有的研究结果，证明该植物为NGT植物，不含有来自育种者基因库以外的任何遗传物质。（3）进行环境风险评估所需要的技术资料，包括人事和培训信息，与第2类NGT植物有关的信息，与释放条件和释放环境有关的信息，与环境互作的信息，旨在确定对人类健康或环境影响的监测计划，有关控制措施、补救办法、废弃物处理和应急预案等相关信息，要求保密的部分和其他补充资料，并提供理由、技术资料摘要等。（4）根据附件二第1和第2部分规定的原则和标准以及根据第27条第（c）项通过的实施法案进行的环境风险评估。

将第2类NGT产品（食物或饲料除外）投放市场，需提供指令2001/18/EC第13条中提及的通告内容，在不影响第178/2002号法规（EC）第32b条要求的任何附加信息的情况下，应包含：（1）申请人的名称和地址，如果申请人不在欧盟，需要提供其欧盟代理商的名称和地址。（2）第2类NGT植物的名称和规格。（3）申请的范围，具体说明是种植还是其他用途。（4）证明该植物是NGT植物的研究结果及任何其他可用材料，包括根据第27条（a）点通过的实施法案中规定的信息要求，该植物不包含来自育种者基因库之外的任何遗传物质，该遗传物质是在植物发育期间临时插入的。（5）环境风险评估。（6）产品投放市场的条件，包括使用和处理的具体条件。（7）授权日期不超过10年。（8）提供环境影响监测计划，包括监测计划时间期限的建议，如果申请者认为不需要监测计划，则可提议不提交监测计划。（9）标签提议，标签应符合指令2001/18/EC规定、第1830/2003号法规（EC）第4（6）条和本法规第23条中规定的要求。（10）建议的产品商业名称和其中包含的第2类NGT植物的名称，以及根据委员会法规（EC）第65/2004号制定的第2类NGT植物的唯一标识符提案。经同意后应向主管当局提供新的商业名称。（11）描述产品的预期用途，与类似的非转基因产品相比，该产品在使用或管理上的差异应予以强调。（12）植物的取样方法（包括对现有官方或标准化取样方法的参考）、检测、识别和量化。如果提供一种检测、鉴定和定量的分析方法不可行，如果通知方有正当理由，则应按照第27条（e）点和第29（2）条提及的指南通过的实施法案中的规定，修改符合分析方法要求的模式。（13）第2类NGT植物的样品及其对照样品，以及关于可从何处获取参考材料的信息。（14）在适用的情况下，为遵守《生物多样性公约卡塔赫纳生物安全议定书》附件二而提供的信息。（15）根据指令2001/18/EC第25条和第178/2002号条例（EC）第39至39e条，通知人要求保密的通知部分和任何其他补充信息的标识,并附有可核实的理由。(16)标准化形式的档案摘要。

尽管欧洲议会现在支持批准基因编辑作物,但一些成员希望禁止对新基因组技术进行专利申请,认为这将有助于降低农民的成本。在欧洲,传统育种的植物不能在欧洲获得专利。Dima表示,专利保护的问题应该在新基因组技术立法之外讨论,并在欧盟的专利法规框架内进行。她说:"这是两个不同的问题,它们应该是完全独立的。"欧洲议会还希望在销售给消费者时对所有新基因组技术植物进行标签标识,而欧洲委员会认为,应该只对豁免GMO法规的生物技术作物的种子进行标签标识,以确保农民知道他们正在种植什么。欧洲理事会尚未就专利问题达成一致意见。一旦达成,它将与委员会和议会进行谈判。Dima希望这可能在6月的议会选举之前发生,但这需要"非常快速"地进行。在社交媒体上,农场游说团体Copa Cogeca呼吁欧洲理事会迅速行动,称新基因组技术是"实用的解决方案,可以帮助我们的农业在生产和适应气候变化方面达到平衡,同时在欧盟保持前沿研究"。

2. 基因编辑产品

2022年荷兰的研究人员利用CRISPR开发了一种抗白粉病的番茄;2019年西班牙和法国的研究人员利用CRISPR开发了一种抗细菌性斑点病的番茄;法国、德国和其他地方的研究人员利用CRISPR开发了广谱抗白叶枯病的水稻;荷兰瓦赫宁根大学使用CRISPR开发无麸质小麦。

目前欧盟尚未批准任何基因编辑作物的应用。

(五)其他国家

智利基于个案分析的原则对基因编辑产品进行管理,2017年8月实施了新育种技术植物管理程序,根据产品中是否含有外源基因来决定是否按照转基因管理,如果最终产品中没有插入外源基因,则不按照转基因管理。研发者提供分子数据来证明产品中不含有外源基因,监管当局需要在20个工作日内做出决定。

巴西将不含有外源DNA的基因编辑作物作为常规作物管理,研发者需要提交资料来确定它们是否能够被豁免。2018年12月，巴西国家技术生物安全委员会（CTNBio）完成了基因编辑糯玉米的咨询评估，目前已完成了基因编辑玉米、甘蔗等多个新型育种技术生物案件的评估，这些产品都被CTNBio认定为常规作物，免除监管。

加拿大按照产品是否满足新性状植物的条件来进行管理，如果作物性状在1996年之前没有存在过，且有可能对环境和人类健康产生影响，就会判定这个植物属于新性状植物，就需要进行监管，反之就不需要监管。研发单位可以通过自我评估或者咨询管理者的方式，来确定基因编辑作物是否属于要通告的新性状植物。

以色列目前没有明确的基因编辑法律框架。基因编辑监管主要基于现有的生物安全和种子法规。以色列国家转基因植物委员会在2016年发表决议，如果基因编辑植物最终产品中没有插入或整合外源DNA，则不按照转基因产品进行监管。2019年，以色列国家研究和发展委员会提出了一项针对基因编辑的建议，但目前还没有通过立法。

菲律宾政府实施一种基于科学、透明和有效的程序来评估基因编辑植物的安全性。2023年5月，Tropi非褐变香蕉获得了菲律宾农业部植物产业局的非转基因豁免决定。这是首个通过菲律宾新定义的基因编辑监管决定程序的基因编辑产品。由此，Tropic非褐变香蕉可以在菲律宾自由进口和推广。

韩国正在修订其现有法案以涵盖基因编辑等新兴生物技术产品。2021年公布的修订草案中包括一个预审流程，将确定一些新兴生物技术产品是否需要进行全面风险评估或可免于评估，被选中的公司将利用基因组编辑技术开发农作物新品种。

二、中国基因编辑作物安全管理

（一）管理政策

《农业转基因生物安全管理条例》（以下简称《条例》）中规定，农业转基因生物是指"利用基因工程技术改变基因组构成，用于农业生产或者农产品加工的动植物、微生物及其产品"；《农业转基因生物安全评价管理办法》(以下简称《评价办法》)的附则明确，基因工程技术包括利用载体系统的重组 DNA 技术以及利用物理、化学和生物学等方法把重组 DNA 分子导入有机体的技术。因此，从概念上来看，基因组编辑植物符合"利用基因工程技术改变基因组构成"特征，属于《条例》和《评价办法》管理范围应按现有法规加以管理。为了在保障安全的前提下促进技术发展和鼓励创新，我国参考国际上分类管理、简化程序的做法，2022 年出台了《农业用基因编辑植物安全评价》(试行)，2023 年颁发了《农业用植物基因编辑植物评审细则》，从法律层面对基因编辑植物的监管进行了明确规定。

我国基因编辑植物安全管理依据个案分析原则，分类管理。首先，根据是否有新的遗传物质引入分成两类：一类是引入外源基因的基因编辑植物，按转基因植物对待，按照《转基因植物安全评价指南》要求申报安全评价；另一类是没有引入外源基因的基因编辑植物，安全评价采取相应简化程序，按照《农业用基因编辑植物安全评价》(试行)要求申报安全评价。其次，对于不含外源基因的基因编辑作物，聚焦性状改变及其导致的后果和风险上，分成 4 类：一是目标性状不增加环境安全和食用安全风险，二是可能增加食用安全风险，三是可能增加环境安全风险；四是可能增加环境安全和食用安全风险。这四类产品依据《农业用基因编辑植物安全评价》(试行)和《农业用植物基因编辑植物评审细则》，根据产品特点简化评价阶段和数据要求 (图 3-2)。

1. 评价内容

同转基因植物一样，基因编辑植物安全评价的内容也包括分子特征、遗传稳定性、环境安全和食用安全四个方面。

分子特征评价主要包括 5 个方面：(1) 靶基因相关资料，包括结构信息，需提供完整的 DNA 序列和推导的氨基酸序列，在染色体上的位置和拷贝数等；靶基因的生物学功能和赋予植物的性状特性；参与的代谢 (调控) 途径和作用机理；安全性分析，从基因结构、功能、代谢 (调控) 途径及有关安全性资料等方面综合评价靶基因修饰对安全性的影响。(2) 基因编

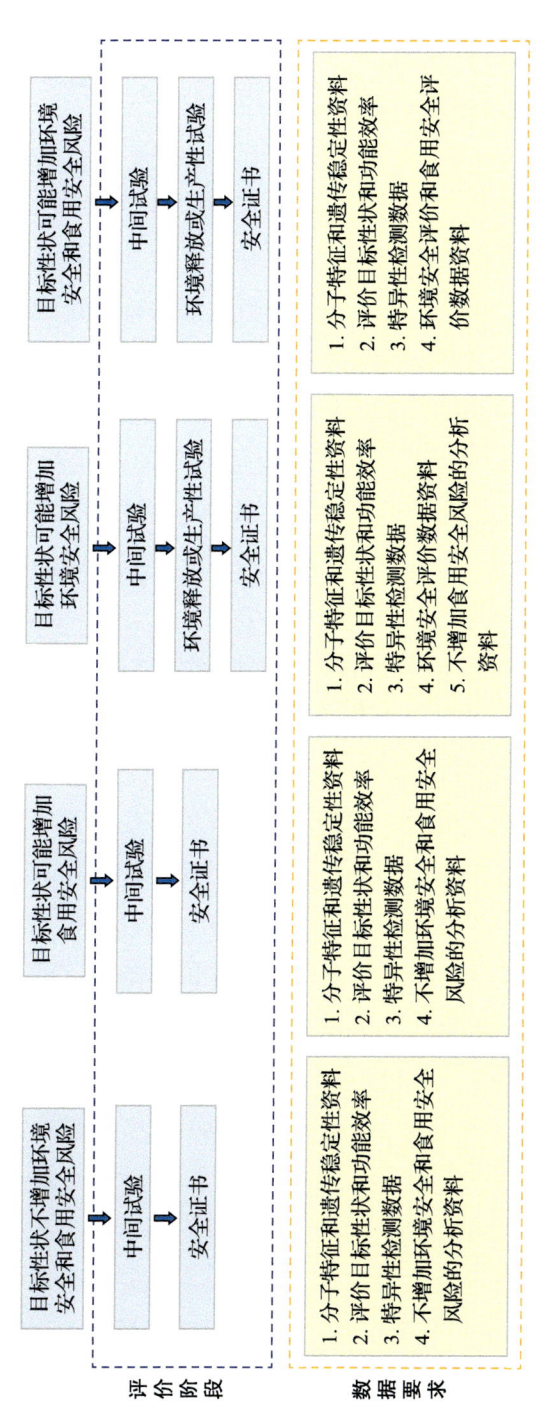

图 3-2 不含外源基因的基因编辑植物评价阶段及数据要求

辑方法相关资料,包括使用的基因编辑工具名称、类型和特性;包含基因编辑载体所有元件名称、位置和酶切位点的载体构建物理图谱;基因编辑载体所有元件的来源、名称、大小、功能和安全应用历史等;基因编辑作物培育的试验设计、操作流程和筛选过程等。(3)靶基因编辑情况,包括覆盖编辑位点的PCR扩增测序或全基因组测序等资料,对于采用全基因组测序的,需提供在编辑位点的覆盖度分析资料,相关数据应能够说明基因编辑植物中靶基因编辑情况;基因编辑植物的特异性检测数据。(4)载体序列残留情况,需提供全基因组测序及其在转化载体上的覆盖度分析等资料,相关数据应能够说明基因编辑植物中载体序列残留情况。(5)脱靶情况,需提供预期脱靶位点的PCR扩增测序或全基因组测序等资料,应采用生物信息学等方法分析预期脱靶位点,对于采用全基因组测序的,还应提供在预期脱靶位点的覆盖度分析资料,相关数据应能够说明基因编辑植物的脱靶情况。

遗传稳定性主要从靶基因编辑稳定性和性状表现稳定性两个方面进行评价,主要检测靶基因的编辑位点以及靶基因在植物不同世代的编辑情况,目标性状在不同世代的表现情况,需提供不少于3代的试验数据。

环境安全主要从目标性状和功能效率评价、生存竞争能力、对生态系统群落结构和有害生物地位演化的影响和对非靶标生物的影响等方面进行评价。其中生存竞争能力包括株高、覆盖率、繁育系数、落粒性以及种子数量、重量和发芽率等;关于对非靶标生物的影响,抗病虫基因编辑植物提供对可能影响的非靶标生物的室内生物测定,耐除草剂基因编辑植物还应提供对至少3种其他常用(非目标)除草剂耐受性的测定。

食用安全成分分析从4个方面进行评价。(1)关键成分分析,包括营养素、功能成分、抗营养因子、内源毒素、内源过敏原等。(2)最大可能摄入水平对人群膳食模式影响评估。(3)基因编辑导致某种蛋白质表达量显著增加的,应提供该蛋白质的表达量及其与已知毒蛋白质、抗营养因子和致敏原氨基酸序列相似性比较。(4)基因编辑导致产生新蛋白质的,应提供新蛋白质的表达量,新蛋白质与已知毒蛋白、抗营养因子和致敏原氨基酸序列相似性比较,新蛋白质体外模拟胃液蛋白消化稳定性、热稳定性试验、新蛋白质毒理学试验。若上述数据资料（1~4项）表明目标性状可能增加食用安全风险，还需提供大鼠90天喂养试验。

2. 评价阶段

对于含有外源基因的基因编辑植物，评价阶段分为实验研究、中间试验、环境释放、生产性试验和安全证书5个阶段。数据要求同转基因植物。对风险较低的编辑产品，在阶段和数据要求上予以简化。分子特征、环境安全和食用安全评价都可在中间试验阶段进行，若中间试验阶段获得的数据资料表明目标性状不增加环境安全风险，经评价合格后可直接申请安全证书。若中间试验阶段获得的数据资料表明目标性状可能增加环境安全风险，需开展环境释放或生产性试验，经安全评价合格后方可申请安全证书。环境释放或生产性试验应在试验植物的主要适宜生态区进行。申请生产应用安全证书，应在每个主要适宜生态区至少设一个试验点。

不含外源基因的SDN1类转基因植物进行分类管理，根据性状分成4类：

1）不含有外源基因、目标性状不增加环境和食用安全风险的基因编辑植物

目标性状为防褐变、增加香味等，简化安全评价阶段，中间试验后可以直接申请生产应用安全证书。在中间试验阶段需要提供靶基因相关资料、基因编辑方法相关资料、每一个基因编辑材料自交或杂交代别和靶基因变化情况的数据资料、载体序列PCR检测的资料以及脱靶情况分析。申请生产应用安全证书时，如用于生产应用，需要提供的数据资料包括：（1）汇总实验研究和中间试验阶段的资料，提供安全评价综合报告。（2）分子特征资料，包括编辑情况、载体残留情况、脱靶情况。（3）3代遗传稳定性资料（编辑的稳定性、性状的稳定性）。（4）目标性状和功能效率数据资料。（5）基因编辑植物的特异性检测数据。（6）不增加环境安全和食用安全风险的分析数据或资料，包含生存竞争能力、关键成分分析、蛋白表达和特性分析等。对于进口用作加工原料的，需要提供的数据资料除了安全评价综合报告、分子特征资料、特异性检测数据、不增加环境安全风险和食用安全风险的分析数据和资料外，还需要提供输出国家或者地区经过科学试验证明对人类、动植物、微生物和生态环境无害的资料。

2）不含有外源基因、目标性状可能增加食用安全风险的基因编辑植物

目标性状为改变营养成分等，简化安全评价阶段，中间试验后可以直接申请生产应用安全证书。在中间试验阶段需要提供靶基因相关资料、基因编辑方法相关资料、每一个基因编辑材料自交或杂交代别和靶基因变化情况的数据资料、载体序列 PCR 检测的资料以及脱靶情况分析。申请生产应用安全证书时，如用于生产应用，需要提供的数据资料包括：（1）汇总实验研究和中间试验阶段的资料，提供安全评价综合报告。（2）分子特征资料，包括编辑情况、载体残留情况、脱靶情况。（3）3 代遗传稳定性资料（编辑的稳定性、性状的稳定性）。（4）目标性状和功能效率数据资料。（5）基因编辑植物的特异性检测数据。（6）提供食用安全评价数据资料，包含关键成分分析（包括营养素、功能成分、抗营养因子、内源毒素、内源过敏原等）；最大可能摄入水平对人群膳食模式影响评估；导致某种蛋白质表达量显著增加的，应提供该蛋白质的表达量及其与已知毒蛋白质、抗营养因子和致敏原氨基酸序列相似性比较；导致产生新蛋白质的应提供新蛋白质的表达量，新蛋白质与已知毒蛋白、抗营养因子和致敏原氨基酸序列相似性比较，新蛋白质体外模拟胃液蛋白消化稳定性、热稳定性试验、新蛋白质毒理学试验等。若上述数据资料（1~4 项）表明目标性状可能增加食用安全风险，还需提供大鼠 90 天喂养试验。（7）不增加环境安全风险的分析数据或资料，包括生存竞争能力等。对于进口用作加工原料的，需要提供的数据资料除了安全评价综合报告、分子特征资料、特异性检测数据、食用安全评价数据资料、不增加环境安全风险分析数据和资料外，还需要提供输出国家或者地区经过科学试验证明对人类、动植物、微生物和生态环境无害的资料。

3）不含有外源基因、目标性状可能增加环境安全风险的基因编辑植物

目标性状为抗虫、耐除草剂等，安全评价阶段需经过中间试验、环境释放或生产性试验、生产应用安全证书 3 个阶段。在中间试验阶段需要提供靶基因相关资料、基因编辑方法相关资料、每一个基因编辑材料自交

或杂交代别和靶基因变化情况的数据资料、载体序列 PCR 检测的资料以及脱靶情况分析。环境释放或生产性试验阶段需提供：（1）中间试验提供的相关资料及中间试验结果总结报告；（2）分子特征资料（编辑情况、载体残留情况、脱靶情况）；（3）遗传稳定性资料，提供至少 2 代的遗传稳定性资料，包括靶基因编辑稳定性和目标性状表现稳定性；（4）目标性状和功能效率数据资料。（5）基因编辑植物的特异性检测数据。（6）环境安全评价试验方案。申请生产应用安全证书时，如用于生产应用，需要提供的数据资料包括：①汇总以往各试验阶段的资料，提供安全评价综合报告。②提供至少 3 代的遗传稳定性资料，包括编辑的稳定性和目标性状表现的稳定性。③目标性状和功能效率的评价资料。④基因编辑植物的特异性检测数据。⑤提供环境安全评价数据资料，包括生存竞争力、对生态系统群落和有害生物地位演化的影响、对非靶标生物的影响等，其中抗病虫基因编辑植物还应提供对可能影响的非靶标生物的室内生物测定，耐除草剂基因编辑植物还应提供对至少 3 种其他常用（非目标）除草剂耐受性的测定。⑥不增加食用安全风险的分析数据或资料。对于进口用作加工原料的，需要提供的数据资料除了安全评价综合报告、分子特征资料、特异性检测数据、环境安全评价数据资料、不增加食用安全风险分析数据和资料外，还需要提供输出国家或者地区经过科学试验证明对人类、动植物、微生物和生态环境无害的资料。

4）不含有外源基因、目标性状可能增加环境安全和食用安全风险的基因编辑植物

如品质改良抗虫复合性状产品等，安全评价阶段需经过中间试验、环境释放或生产性试验、生产应用安全证书 3 个阶段。在中间试验阶段需要提供靶基因相关资料、基因编辑方法相关资料、每一个基因编辑材料自交或杂交代别和靶基因变化情况的数据资料、载体序列 PCR 检测的资料以及脱靶情况的生物信息学分析资料。环境释放或生产性试验阶段需提供中间试验提供的相关资料及中间试验结果总结报告，分子特征资料（编辑情况、载体残留情况、脱靶情况）、遗传稳定性资料（提供至少 2 代的遗传稳定性资料，包括靶基因编辑稳定性和目标性状表现稳定性）、目标性状

和功能效率数据资料。基因编辑植物的特异性检测数据。环境安全评价和食用安全评价试验方案。申请生产应用安全证书时，如用于生产应用，需要提供的数据资料包括：（1）汇总以往各试验阶段的资料，提供安全评价综合报告。（2）提供至少3代的遗传稳定性资料，包括编辑的稳定性和目标性状表现的稳定性。（3）目标性状和功能效率的评价资料。（4）基因编辑植物的特异性检测数据。（5）提供环境安全评价和食用安全评价数据资料。对于进口用作加工原料的，需要提供的数据资料除了安全评价综合报告、分子特征资料、特异性检测数据、环境安全和食用安全评价数据资料外，还需要提供输出国家或者地区经过科学试验证明对人类、动植物、微生物和生态环境无害的资料。

（二）基因编辑产品

目前我国已批准了高油酸基因编辑大豆、基因编辑玉米、基因编辑小麦等共5个转化体的生产应用安全证书。

品质性状改良大豆AE15-18-1由山东舜丰生物科技有限公司研发，突变了 *gmfad2-1a* 和 *gmfad2-1b* 两个基因，油酸含量可达80%。此产品由经农业转基因生物安全委员会评价合格，2023年5月予以发放生产应用安全证书，是第一个发放生产应用安全证书的产品。

生理性状改良的基因编辑大豆25T93-1由山东舜丰生物科技有限公司研发，是利用基因编辑技术对 *GmELF3a* 进行精准编辑获得的，经过编辑的大豆品种开花期延迟5天，成熟期延迟9天。此产品由经农业转基因生物安全委员会评价合格，2023年予以发放生产应用安全证书。

品质性状改良基因编辑大豆P1由苏州齐禾生科生物科技有限公司研发，通过对内源脂肪酸脱氢酶基因 *GmFAD2-1A* 和 *GmFad2-1B* 进行编辑而获得的，基因编辑大豆P16种子中油酸含量达到80%以上。此产品由经农业转基因生物安全委员会评价合格，2023年予以发放生产应用安全证书。

突变 *Br2* 基因产量性状改良玉米179AC19-13-13由山东舜丰生物科技有限公司研发，通过对 *Br2* 基因精准编辑，使玉米株高降低1/4左右，茎秆更粗壮，抗倒伏，耐密植，从而达到增产的目的，并且更有利于机械化收割。实验数据表明，矮秆玉米在黄淮海地区种植密度可增加40%～50%，增产10%以上。此产品由经农业转基因生物安全委员会评价合格，2023年予以发放生产应用安全证书。

基因编辑抗病小麦MLO-KNRNP由中国科学院遗传与发育生物学研究所联合齐禾生科开发，是利用CRISPR/Cas技术对 *TaMLO-A1*、*TaMLO-B1*、*TaMLO-D1* 和 *TaMLOX* 基因进行突变，获得的抗白粉病的基因编辑小麦。经农业转基因生物安全委员会评价合格，2024年予以发放生产应用安全证书。

第四章 基因编辑植物的检测技术

基因编辑产品与转基因产品不同，其与受体的差异多为靶位点处的碱基缺失、插入或替换，使得常规的转基因产品检测方法，如普通 PCR、转化体特异 PCR 等不能满足基因编辑产品检测需求。目前，研究者们研制出了多种基因编辑产品检测方法（表 4-1），其中比较常用的方法包括错配酶切割法、荧光定量 PCR 方法、数字 PCR 方法、CRISPR/Cas 检测法等。

表 4-1 基因编辑产品检测技术及其特性比较

检测方法	成本	复杂程度	耗时	通量	准确度	适用范围/局限性
第一代测序	高	一般	长	低	高	直观反映突变类型，适合做身份验证或分子特征分析
第二代测序	高	一般	长	高	高	直观反映突变类型，读长较短，不适合大片段缺失检测，数据分析复杂，适合做身份验证或分子特征分析
错配切割	高	高	长	低	低	对靶序列的选择没有限制，容易低估突变频率，只能检测单/双等位基因突变，不能检测纯合突变
限制性片段长度多态性	低	高	长	低	低	受酶切位点限制，容易漏检
扩增片段长度多态性	高	高	长	低	低	适用于大片段插入或缺失

续表

检测方法	成本	复杂程度	耗时	通量	准确度	适用范围/局限性
临界退火温度PCR	低	低	短	低	低	靶点选择不受物种限制，可以检测单碱基突变，通量高，引物设计和扩增有较高要求
TaqMan/ddPCR	高	低	短	高	高	可检测单碱基突变，对基因编辑位点进行分型分析，不能够区分双等位基因杂合突变和纯合突变
等位基因特异性PCR	低	低	短	低	低	不受限制性内切酶的限制，引物设计要求高，不适用于CRISPR/Cas12a造成的突变检测
高分辨率片段分析法	高	高	短	高	高	分析多个基因位点突变，可检测单个碱基的插入或缺失，不能检测单碱基替换，不能区分具有相同片段大小插入缺失的突变
高分辨率溶解曲线法	高	一般	短	高	高	不能区分野生型和AT颠换的突变序列，不能进行定量检测
异源双链泳动分析法	低	低	短	低	一般	可以区分纯合子野生型和纯合子突变型，容易错过大片段的缺失突变
单链构象多态分析法	低	低	长	低	一般	针对小片段插入、缺失和错配的检测，不受酶切位点的限制，但不能确定基因编辑类型，只适合初筛
聚丙烯酰胺凝胶电泳	一般	高	长	低	高	除1 bp indels外，2~8 bp缺失可以与野生型区分开来

续表

检测方法	成本	复杂程度	耗时	通量	准确度	适用范围/局限性
连接酶检测反应	低	一般	短	低	一般	适用于基因分型、检测SNP位点和点突变，以及检测ZFN、TALEN和CRISPR/Cas9造成的基因突变
基因芯片分析法	高	高	短	高	高	只适用于少量碱基改变的基因编辑产品检测
变性高效液相色谱法	高	高	长	低	高	对于试剂和环境要求较高，不能检测出纯合突变
质谱分析方法	高	高	短	高	高	适用于少量碱基突变的基因编辑产品

一、酶错配切割法

错配切割法（Enzyme mismatch cleavage，EMC）就是将待测突变体（检测DNA）和野生型（已知DNA）等体积混合后进行目标DNA的PCR扩增后，通过变性和缓慢复性形成同源双链和异源双链，加入特异识别错配位点的核酸酶进行酶切，异源双链中如果两个序列间存在差异就会形成错配而被错配酶识别切割，经电泳显示的DNA条带图谱来确定是否产生突变，并根据DNA条带的光密度值计算确定突变DNA的比率。常用的错配切割酶包括T7EI酶、Surveyor酶和Cruiser酶。

T7EI酶是来自于噬菌体的一种结构特异性核酸酶，可以识别并切割Holliday DNA、错配DNA和切刻DNA。T7EI酶对不同错配底物的识别效率存在明显差异，其对Holliday DNA识别切割效率最高，其次是indel型错配，对单碱基错配的识别效果较差。此外，T7EI具有非专一性的随机切刻活性和切刻位点切割活性，即便序列里不存在错配，DNA也会被缓慢降解。Surveyor酶是CELI家族成员，对DNA错配部位有高度特异性，识别异源双链DNA中错配碱基的位置，能准确切割异源双链DNA的错配位点，且 Surveyor 酶高度敏感，能够检出低至 32 个拷贝中的 1 个罕见突变体。Cruiser 酶能够高效特异识别异源双链 DNA 的突变位点，并从突变位点的 3′ 端高效切割异源双链 DNA。错配切割法能快速检测突变体，操作简单，但该方法依赖酶切位点以及酶的质量，且不同的 PCR 反应体系可能影响酶的切割效率。

二、临界退火温度 PCR

临界退火温度 PCR 方法（At critical temperature PCR，ACT-PCR）是利用突变体中靶标序列的退火温度与野生型的有差异而建立起来的，其原理是设计特异性引物，对野生型进行梯度 PCR，确定临界退火温度，由于该引物不能与突变体 DNA 严格匹配，导致突变体 DNA 不能被有效扩增，琼脂糖凝胶电泳后便可筛选出突变体。该方法操作步骤：首先是设计靶标序列的特异引物对，其中正向引物的 3′ 端覆盖靶标基因的 DSB 位点并延长 4 个碱基，确保正向引物在 PCR 反应中与野生型 DNA 结合的特异性和敏感性，反向引物位于 DSB 位点之外，具有比正向引物更高的退火温度（T_m 值），使得反向引物在临界退火温度下优先和 DNA 模板结合。然后进行梯度 PCR 确定临界退火温度。最后在预先确定的临界退火温度下进行常规 PCR，如果存在突变，正向引物不与突变序列结合，并且不产生扩增子（图 4-1）。该方法能检测单个碱基突变的基因编辑产品，操作简单，靶点的选择不受物种限制，适用于大批量突变体检测，但对 PCR 引物的设计和扩增件有较高要求。

三、实时荧光 PCR 方法

基于实时荧光 PCR 方法，Peng 等（2018）针对双链断裂位点设计特异性的 TaqMan 探针，荧光标记为 FAM，该探针特异性识别野生型；在双链断裂位点相邻区域再设计一条 TaqMan 参考探针，该探针可以与野生型和基因组编辑型 DNA 结合，用于估算体系中的 DNA 总的模板量。该方法采用 qPCR 的检测体系，能区分基因组编辑型和野生型 DNA，还能根据扩增曲线判断基因组编辑结果为纯合或杂合，而且能对基因组编辑频率

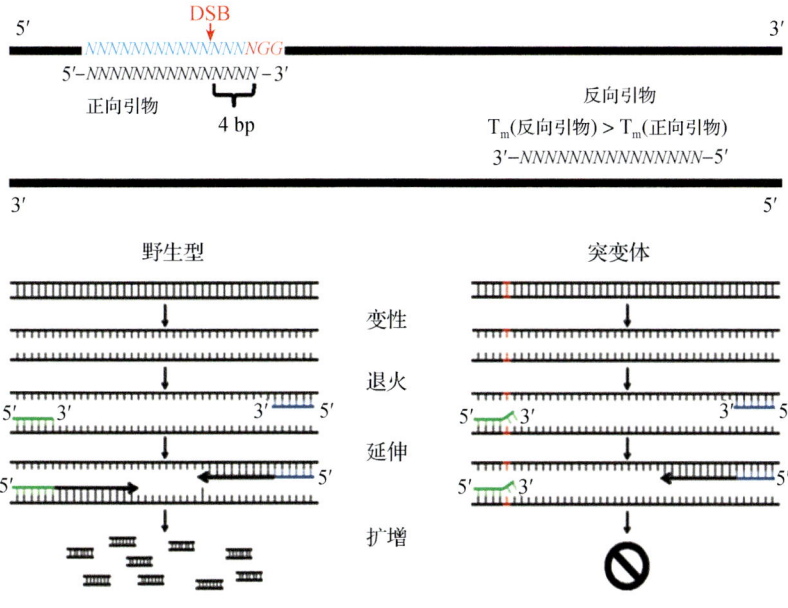

图 4-1 ACT-PCR 检测示意图

低至 10% 的样品进行检测。Li 等（2019）开发了一种基因编辑测试 PCR（genome editing testPCR，getPCR）方法，该方法利用 TaqDNA 聚合酶对引物 3′ 错配的敏感性，设计引物 3′ 端跨 Cas9 核酸酶切位点，使 PCR 只能选择性扩增野生型序列，通过引入内标基因，用 ΔΔCT 方法计算出基因编辑后的基因组样本中野生型 DNA 的百分比，巧妙地实现了基因组编辑效率的确定。这种方法具有快速、方便的特点，但不能区分基因编辑的纯合或杂合状态（图 4-2）。

四、微滴数字 PCR

微滴数字 PCR（Droplet digital PCR，ddPCR）需要对 DNA 样品进行微滴化处理，形成众多纳米级的小液滴，有的小液滴不含待测靶分子，而有的小液滴含有一个或多个待测靶分子，PCR 扩增后收集所有小液滴的荧光信号。根据泊松分布原理、阳性比例就可以得出靶分子浓度的绝对定量。Mock 等设计了一种基因编辑频率数字 PCR 检测方法（gene-editing frequency digital PCR，GEF-dPCR），在单个扩增子内使用两种探针来检测

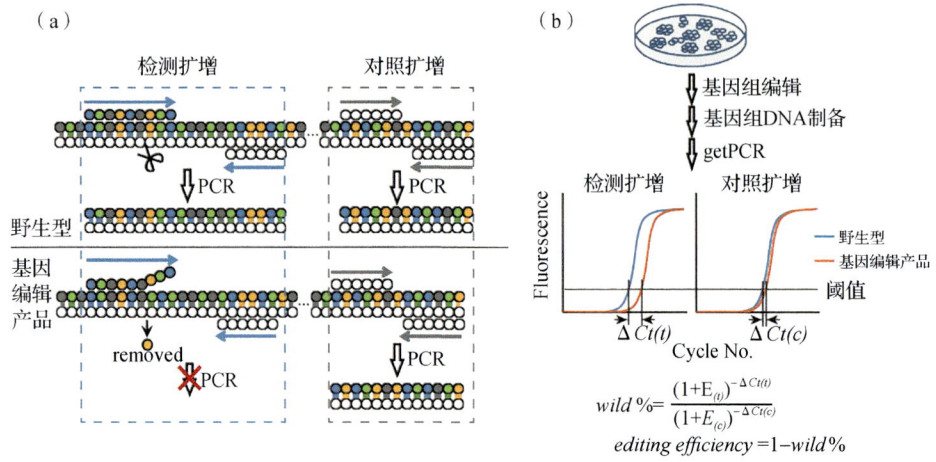

图 4-2　getPCR 的工作原理
（a）getPCR 区分野生型和编辑型的原理；（b）getPCR 策略概述

非同源末端连接（NHEJ）影响的等位基因。此方法需要设计两条探针，一条"NHEJ 敏感探针"，位于编辑位点用来特异识别野生型 DNA，荧光标记为 FAM；另外一条为"NHEJ 不敏感探针"位于编辑位点外，用来估算体系中 DNA 总量，荧光标记为 HEX；两条探针共用一对引物进行 PCR 扩增，当待测体系未被编辑时，dPCR 的结果为 FAM 和 HEX 都有信号；当待测体系发生编辑时，FAM 的信号相对 HEX 减弱，或没有 FAM 信号产生；通过 FAM 通道得到的拷贝数与 HEX 通道得到的拷贝数之比即可计算出基因编辑频率（图 4-3）。

　　Peng 等采用了另外一种数字 PCR 策略检测水稻和油菜基因组编辑情况，此策略是设计一对针对靶标基因双链断裂位点的特异性引物和一条 TaqMan 探针（标记 FAM 荧光信号），同时设计一对参考基因的引物和探针（标记 HEX 荧光信号），然后进行 PCR 反应。当未发生基因组编辑时，结果出现双阳性微滴群（橙色）；当发生纯合基因组编辑时，结果出现绿色荧光信号微滴群（参考基因）；当发生杂合的基因组编辑时，结果同时出现双阳性微滴群和绿色荧光信号微滴群，由此判断是否发生基因组编辑，以及纯合或杂合基因组编辑；还可以根据野生型模板的拷贝数和参考基因的拷贝数之比，推算出基因组编辑的频率（图 4-4）。

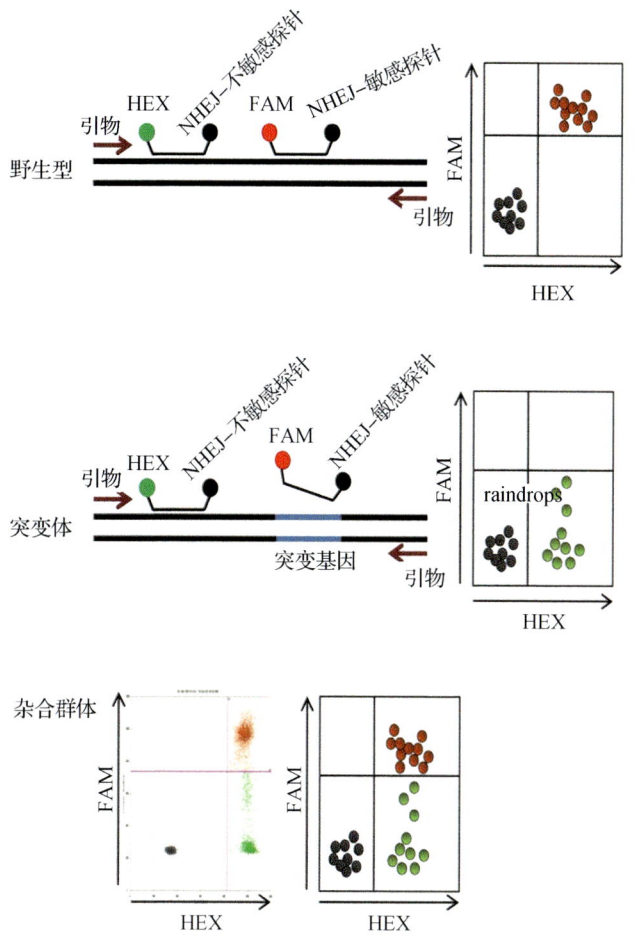

图 4-3　GEF-dPCR 检测原理示意图

Li 等建立了一种基因组编辑检测数字 PCR 技术（genome editing test dPCR，get-dPCR），用于评估基因编辑效率和基因变异，此方法的关键是监测引物（特定的 PCR 引物）和增强型 Taq 聚合酶（对 indel 衍生的引物/模板错配具有更高的敏感性）。监测引物设计时覆盖了 NHEJ 位点，并允许其 3′ 末端跨越切割位点 3~5 个碱基，这样使得其对 indel 敏感，可以区分突变的 NHEJ 等位基因和野生型等位基因，增强型 Taq 聚合酶提高了从野生序列中区分 Indels 的能力（图 4-5）。get-dPCR 技术不但具有很高的准确度和灵敏度（测量 indels 的频率可低至 1%），而且在单碱基基因突变检测中表现出优异的性能。

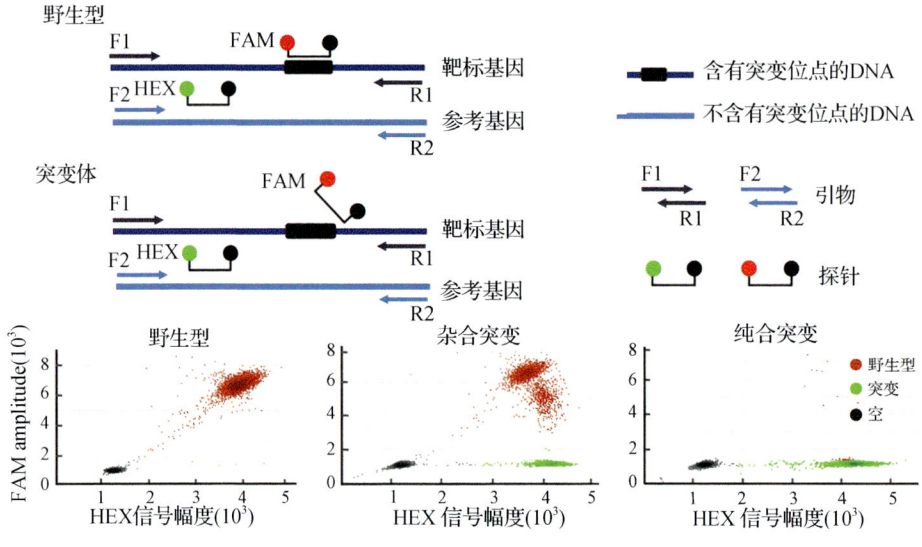

图 4-4 数字 PCR 检测示意图

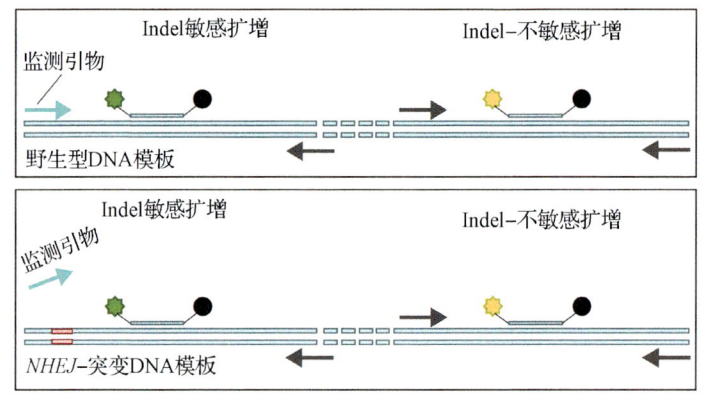

图 4-5 get-dPCR 检测原理示意图

五、基于 CRISPR/Cas 的检测方法

基于 Cas 效应子的反式切割活性，结合核酸放大技术成功地实现了特异性高、灵敏度高的 DNA 或 RNA 检测，常用的 Cas 效应子包括 Cas9、Cas12、Cas13 和 Cas14。基于不同效应蛋白研发的 CRISPR/Cas 检测技术具有不同特性，可在实际应用中根据需求进行选择（表 4-2）。

表 4-2 CRISPR/Cas 检测技术比较分析

	检测技术	靶分子	非特异性切割	灵敏度	特异性	仪器要求	等温扩增	PAM序列要求	检测时间	预处理
Cas9	CRISDA	dsDNA	否	aM水平	单碱基	无	是	高	90 min 内	无
Cas12	DETECTR	dsDNA/ssDNA	ssDNA	aM水平	单碱基	无	是	中	1 h 内	无
Cas13	HUDSON	ssRNA	ssRNA	aM水平	单碱基	无	是	低	1 h 内	预转录DNA扩增产物
Cas14	Cas14-DETECTR	ssDNA	ssDNA	aM水平	单碱基	无	是	无	1 h 内	预处理dsDNA为ssDNA

（一）基于 dCas9 的核酸检测技术

dCas9 是不具有切割活性的 Cas9，其 RuvC1 和 HNH 核酸酶结构域被沉默掉，但 dCas9/sgRNA 复合物对靶 DNA 仍具有较高的特异性结合活性。Li 等（2019）建立了 CRISPR/Cas9 系统检测 mRNA 的方法。在引导 RNA 的环状或 3′ 端插入与靶 mRNA 互补的序列，形成发夹结构，抑制 Cas9 结合和 dsDNA 切割。当目标 mRNA 存在时，mRNA 与插入的序列杂交，拉开发夹结构，形成活化的 Cas9/gRNA 复合体，恢复切割活性，这需要选择具有合适 PAM 位点的特定序列进行检测。Hajian 等（2019）在芯片上使用石墨烯基场效应晶体管，固定 dCas9/crRNA 复合物，进行无标记的 dsDNA 检测，由手持阅读器测量输出信号，当 dCas9/crRNA 与石墨烯杂化后，芯片表面对带电分子的变化非常敏感。当目标 dsDNA 分子与负电荷被捕获时，在石墨烯基场效应晶体管的源与门电场会发生变化，因此电流会显著变化。整个操作过程不需要多种试剂和笨重的设备，在 15 min 内 LOD 可低至 1.7 fM，具有较好的现场检测前景。

（二）基于 Cas12a 的核酸检测技术

Cas12a 具有非特异性切割活性，Cas12a-crRNA 复合体在识别单链或双链靶标 DNA 后，能够剪切靶 DNA 和非特异性地剪切环境中的 ssDNA。Chen 等（2018）将 RPA 技术与 Cas12a 相结合，建立了 DETECTR（DNA endonuclease-targeted CRISPR trans reporter）检测技术。该技术采用 RPA 等温扩增待测 DNA，然后将扩增产物与 Cas12a-crRNA 复合体混合，识别并匹配靶标 DNA，并启动 Cas12a 的非特异核酸酶活性，对反应体系中的荧光报告 DNA 探针进行切割，释放出荧光信号，进而实现对靶标 DNA 的检测。DETECTR 技术同时能够达到 aM 水平的灵敏度和小于等于 7 个碱基的特异性。Li 等（2018）基于 CRISPR-Cas12a 开发了 HOMLES 系统来检测 SNP 位点，最低检测浓度为 10 aM，对于 PAM 突变体和第 1~7 个碱基错配突变体进行检测，荧光信号发生显著变化。Cao 等（2022）建立了 MPT-Cas12a 技术，通过 M-PCR 产生 DNA-CaMV35S，在有靶标存在情况下，通过556 nm的光源照射，CRISPR/Cas12a检测体系反应后会产生黄色荧光，可以用来检测DNA-CaMV35S。Wu等（2020）将LAMP和CRISPR/Cas12a结合起来，用254 nm紫外光对含有CaMV35S启动子的转基因大豆粉末进行可视化检测，其LOD为0.05%；该团队还开发了一种便携式生物传感器Cas12a-PB，用于可视化、双重检测大豆粉末中的CaMV35S启动子和 *Lectin* 基因，其LOD为0.1%。检测过程简单，污染低，但需要PCR或LAMP扩增目的片段，增加了检测过程的复杂性。Duan等（2022）使用粗提DNA方法，结合LAMP与CRISPR-Cas12a，检测转基因木瓜叶片中的pCaMV35S启动子及其他3个转基因序列。Liu等（2022）提出MC/SDA-CRISPR/Cpf1方法，检测CaMV35S，其LOD低至14.4 fM。Wang等（2022）开发了一种基于Cas12a和G4-DNAzyme的可视化系统，用于识别样品中的SNP靶点。微流控技术也可以应用于基因编辑产品检测，Chen等（2021）建立了微流控技术和Cas12a相结合的检测技术，该引入了核酸错配，以提高SNP检测的普适性，在生物芯片预先加载了CRISPR/Cas12a试剂，该生物芯片可同时检测8个样本，区分纯合野生型、纯合突变型和杂合突变型。

（三）基于Cas13a的核酸检测技术

Cas13a也具有反式切割活性，不过Cas13识别的是RNA，形成三元复合体后，进行顺式和反式切割。Gootenberg等（2017）结合Cas13a和RPA建立了分子检测平台SHERLOCK，用于区分致病性细菌、非洲与美洲寨卡病毒RNA靶点的SNPs，并识别无细胞肿瘤DNA突变。选择了5个与健康相关的SNP位点，并使用23andMe基因分型数据对SHERLOCK检测系统进行了基准测试。SHERLOCK能显著区分纯合型和杂合型，可检出低至0.1%的背景DNA的含SNP的等位基因。Shan等（2019）使用Cas13a直接检测miR-17，在30 min内可检测到低至4.5 aM浓度的样品。为提高检测分辨率，Chen等（2020）利用CRISPR/Cas13a系统，结合RNA聚合酶和抗体，实现输出信号的双重放大，将蛋白质检测灵敏度提高到了fM水平，该方法用链霉亲和素修饰可以特异性结合靶蛋白的抗体，该抗体可以捕获生物素化的 dsDNA。以 dsDNA 为模板，RNA 聚合酶可以合成许多 ssRNA，通过切割含有荧光基团和淬灭基团的 ssRNA 报告探针，可以观察到荧光信号。Liu 等（2019）采用类似的检测策略，用发光材料修饰的磁珠取代了荧光探针，检测 H7N9 RNA 病毒。Yuan 等（2020）设计了一种基于 AuNPs 的裸眼检测平台，可以在一小时内直观检测出转基因水稻、非洲猪瘟病毒和 miRNA。在这种方法中，反式裂解的底物是一个通用的连接子 ssDNA/ssRNA，它可以与 AuNPs-DNA 探针杂交。当有靶标时，连接子 ssDNA/ssRNA 会被裂解，探针对不能杂化，因而变得分散，溶液呈红色；当没有靶标时，连接子 ssDNA/ssRNA 不会被裂解，探针对可以杂交形成聚合态，溶液基本呈无色。通过分散和交联的金纳米颗粒探针显示出不同的颜色，来区分阳性和阴性样品，LOD 为 0.01%。

（四）基于 Cas14 的核酸检测技术

Cas14 是一种新的二类 CRISPR 系统，Cas14 蛋白的分子量普遍较小，约为其他家族蛋白的一半，只存在于古细菌基因组中。Cas14 对 DNA 分子的识别不依赖 PAM 位点，可以靶向任何序列，但对识别序列中间的碱基要求很严格，有 1 个错配就不能结合，特异性能达到单碱基，可实现高保真 SNP 基因分型。Cas14a 可以结合靶标核酸并激活其 ssDNA 反式切割活性，从而被应用于靶标核酸的分子检测，但 Cas14a 只能结合 ssDNA 靶标，因此除了需要对靶标序列进行扩增以外，还需使用 T7 核酸外切酶将 dsDNA 处理成 ssDNA 以用于 Cas14 切割。Doudna 团队仿照 DETECTR 技术设计了 Cas14-DETECTR 检测技术，通过从蓝眼和棕眼人类的唾液中提取 DNA 并扩增，然后采用 Cas14-DETECTR 检测技术成功区分出蓝眼和棕眼的基因型，特异性达到单碱基（控制 2 种颜色眼睛的基因序列中只有 1 个碱基差异），同时实现了 aM 水平的灵敏度。

六、其他检测方法

扩增阻滞突变系统（Amplification refractory mutation system，ARMS）是

根据等位基因上的基因编辑位点,设计 2 个上游引物,将突变碱基置于 3′ 末端,同时设计 1 个下游引物,只有当引物 3′ 末端与模板严格互补时,才能得到 PCR 扩增产物,反之,则无 PCR 产物。通过电泳分离,判断是否为基因编辑产品。该方法易于操作、成本低廉,不受限制性内切酶的限制,对仪器设备要求不高,适于已知基因编辑位点的样品检测。但引物设计要求高,不适用于 CRISPR/Cas12a 造成的突变检测。

高分辨率片段分析法(High-resolution fragment analysis,HRFA)是 PCR 结合毛细管电泳的一种检测方法。将 PCR 扩增的产物荧光标记,进行毛细管电泳,可检测不同分子量大小的 PCR 产物,分辨出不同类型的突变。HRFA 可有效筛选突变体,能够识别多个突变等位基因,分辨率为 1 bp。该方法灵敏度较高,适用于多倍体植物的检测,可以分析多个基因位点突变情况,可以区分小到单个碱基的插入或缺失。但不能检测出含有单碱基替换的突变,也不能区分具有相同片段大小插入缺失的突变。

高分辨率溶解曲线(High-resolution melting analysis,HRM)分析方法是基于双链 DNA 的溶解温度跟它的长度和碱基组成有关而建立的,碱基突变会影响解链温度,使得突变体与野生型会产生不同的溶解曲线,从而检测突变体。该方法具有极高的灵敏度和特异性,操作简单,检测速度快,特别适用于高通量操作,但不能区分野生型和 AT 颠换的突变序列,不能进行定量检测。

基因芯片分析法是利用核酸杂交原理建立的一种集成化、自动化的检测技术,待测样品 DNA 与固定在芯片上的阵列探针杂交,通过激光共聚焦扫描来检测荧光信号,并对强弱进行判断,从而判断是否进行过编辑。基因芯片技术能够快速、高通量地检测听力损失相关突变位点,只适用于少量碱基改变的基因编辑产品检测。

变性高效液相色谱法(Denaturing high performance liquid chromatography,DHPLC)是基于 SSCP(单链构象多态性分析)和变性梯度凝胶电泳研发的一种新的突变位点检测方法。原理类似于阴离子交换层析,通过变性退火后形成同源或异源双链 DNA 分子,调节温度接近至 DNA 解旋温度,异源双链 DNA 分子解旋温度低，更容易解旋为单链，单链在分离柱上保留时间短，易被洗脱，根据峰型或数目来确定是否有突变。DHPLC 检测效率高且自动化，比较适合大样本自动化筛选，重复性较高。但该方法对于试剂和环境要求较高，不能检测出纯合突变。

参考文献

何晓玲,刘鹏程,马伯军,等,2022.基于CRISPR/Cas9的基因编辑技术研究进展及其在植物中的应用[J].植物学报,57(4):24.doi:10.11983/CBB22020.

林敏,2021.农业生物育种技术的发展历程及产业化对策[J].生物技术进展,11(4):13.doi:10.19586/j.2095-2341.2021.0096.

覃玉芬,廖山岳,郭新颖,等,2021.利用CRISPR/Cas9基因编辑系统创制新型水稻温敏雄性不育系.分子植物育种,35(6):1-2

任代胜,刘浩,乔保建,2021.基于CRISPR/Cas9基因编辑技术靶向敲除OsFAD2创制高油酸水稻突变体.广东农业科学,48(11):1-7.doi:10.16768/j.issn.1004-874X.2021.11.001.

单奇伟,高彩霞,2015.植物基因组编辑及衍生技术最新研究进展[J].遗传,37(10):21.doi:10.16288/j.yczz.15-156.

沈延,肖安,黄鹏,等,2013.类转录激活因子效应物核酸酶(TALEN)介导的基因组定点修饰技术[J].遗传(4):15.doi:10.3724/SP.J.1005.2013.00395.

Alberts B,2012. The breakthroughs of 2012. Science,338(6114):1511. doi:10.1126/science.1234108.

Ali Z,Shami A,Sedeek K,et al.,2020. Fusion of the Cas9 endonuclease and the VirD2 relaxase facilitates homology-directed repair for precise genome engineering in rice. Commun Biol,3(1):44. doi:10.1038/s42003-020-0768-9.

An Y,Chen L,Li Y X,et al.,2022. Fine mapping qKRN5.04 provides a functional gene negatively regulating maize kernel row number. Theor Appl Genet,

135（6）：1997-2007. doi：10.1007/s00122-022-04089-w.

Anzalone A V, Randolph P B, Davis J R, et al., 2019. Search-and-replace genome editing without double-strand breaks or donor DNA. Nature, 576(7785)：149-157. doi：10.1038/s41586-019-1711-4.

Bao A, Chen H, Chen L, et al., 2019. CRISPR/Cas9-mediated targeted mutagenesis of GmSPL9 genes alters plant architecture in soybean. BMC Plant Biol, 19（1）：131. doi：10.1186/s12870-019-1746-6.

Barrangou R, Fremaux C, Deveau H, et al., 2007. CRISPR provides acquired resistance against viruses in prokaryotes. Science, 315（5819）：1709-1712. doi：10.1126/science.1138140.

Bibikova M, Beumer K, Trautman J K, et al., 2003. Enhancing gene targeting with designed zinc finger nucleases. Science, 300（5620）：764. doi：10.1126/science.1079512.

Bibikova M, Carroll D, Segal D J, et al., 2001. Stimulation of homologous recombination through targeted cleavage by chimeric nucleases. Mol Cell Biol, 21（1）：289-97. doi：10.1128/MCB.21.1.289-297.2001.

Bibikova M, Golic M, Golic K G, et al., 2002. Targeted chromosomal cleavage and mutagenesis in Drosophila using zinc-finger nucleases. Genetics, 161（3）：1169-75. doi：10.1093/genetics/161.3.1169.

Boch J, Bonas U, 2010. Xanthomonas AvrBs3 family-type Ⅲ effectors：discovery and function. Annu Rev Phytopathol, 48：419-436. doi：10.1146/annurev-phyto-080508-081936.

Boch J, Scholze H, Schornack S, et al., 2009. Breaking the code of DNA binding specificity of TAL-type Ⅲ effectors. Science, 326（5959）：1509-1512. doi：10.1126/science.1178811.

Boch J, 2011. TALEs of genome targeting. Nat Biotechnol, 29（2）：135-136. doi：10.1038/nbt.1767.

Bogdanove A J, Schornack S, Lahaye T, 2010. TAL effectors：finding plant genes for disease and defense. Curr Opin Plant Biol, 13（4）：394-401. doi：10.1016/

j.pbi.2010.04.010.

Butt H, Eid A, Ali Z, et al., 2017. Efficient CRISPR/Cas9-Mediated Genome Editing Using a Chimeric Single-Guide RNA Molecule. Front Plant Sci, 8: 1441. doi: 10.3389/fpls.2017.01441.

Butt H, Eid A, Momin A A, et al., 2019. CRISPR directed evolution of the spliceosome for resistance to splicing inhibitors. Genome Biol, 20 (1): 73. doi: 10.1186/s13059-019-1680-9.

Butt H, Rao G S, Sedeek K, et al., 2020. Engineering herbicide resistance via prime editing in rice. Plant Biotechnol. J, 18: 2370-2372. doi: 10.1111/pbi.13399.

Cai C Q, Doyon Y, Ainley W M, et al., 2009. Targeted transgene integration in plant cells using designed zinc finger nucleases. Plant Mol Biol, 69 (6): 699-709. doi: 10.1007/s11103-008-9449-7.

Cai Y, Chen L, Liu X, et al., 2018. CRISPR/Cas9-mediated targeted mutagenesis of GmFT2a delays flowering time in soya bean. Plant Biotechnol J, 16 (1): 176-185. doi: 10.1111/pbi.12758. C

Cai Y, Chen L, Liu X, et al., 2015. CRISPR/Cas9-Mediated Genome Editing in Soybean Hairy Roots. PLoS One, 10 (8): e0136064. doi: 10.1371/journal.pone.0136064.

Campbell B W, Hoyle J W, Bucciarelli B, et al., 2019. Functional analysis and development of a CRISPR/Cas9 allelic series for a CPR5 ortholog necessary for proper growth of soybean trichomes. Sci Rep, 9 (1): 14757. doi: 10.1038/s41598-019-51240-7.

Carroll D, 2011. Genome engineering with zinc-finger nucleases. Genetics, 188 (4): 773-82. doi: 10.1534/genetics.111.131433.

Cermak T, Doyle E L, Christian M, et al., 2011. Efficient design and assembly of custom TALEN and other TAL effector-based constructs for DNA targeting. Nucleic Acids Res, 39 (12): e82. doi: 10.1093/nar/gkr218.

Chen J S, Ma E, Harrington L B, et al., 2018. CRISPR-Cas12a target binding unleashes indiscriminate single-stranded DNase activity. Science, 360 (6387): 436-439. doi: 10.1126/science.aar6245.

Chen L, Nan H, Kong L, et al., 2020. Soybean AP1 homologs control flowering time and plant height. J Integr Plant Biol, 62 (12): 1868-1879. doi: 10.1111/jipb.12988.

Chen R, Xu Q, Liu Y, et al., 2018. Generation of Transgene-Free Maize Male Sterile Lines Using the CRISPR/Cas9 System. Front Plant Sci, 9: 1180. doi: 10.3389/fpls.2018.01180.

Cheng Q, Dong L, Su T, et al., 2019. CRISPR/Cas9-mediated targeted mutagenesis of GmLHY genes alters plant height and internode length in soybean. BMC Plant Biol, 19 (1): 562. doi: 10.1186/s12870-019-2145-8.

Cong L, Zhou R, Kuo Y C, et al., 2012. Comprehensive interrogation of natural TALE DNA-binding modules and transcriptional repressor domains. Nat Commun, 3: 968. doi: 10.1038/ncomms1962.

Curtin S J, Xiong Y, Michno J M, et al., 2018. CRISPR/Cas9 and TALENs generate heritable mutations for genes involved in small RNA processing of Glycine max and Medicago truncatula. Plant Biotechnol J, 16 (6): 1125-1137. doi: 10.1111/pbi.12857.

Curtin S J, Zhang F, Sander J D, et al., 2011. Targeted mutagenesis of duplicated genes in soybean with zinc-finger nucleases. Plant Physiol, 156 (2): 466-473. doi: 10.1104/pp.111.172981.

D'Ambrosio C, Stigliani A L, Giorio G, 2018. CRISPR/Cas9 editing of carotenoid genes in tomato. Transgenic Res, 27 (4): 367-378. doi: 10.1007/s11248-018-0079-9.

De Pater S, Neuteboom L W, Pinas J E, et al., 2009. ZFN-induced mutagenesis and gene-targeting in Arabidopsis through Agrobacterium-mediated floral dip transformation. Plant Biotechnol J, 7 (8): 821-835. doi: 10.1111/j.1467-7652.2009.00446.x.

Délye C, Zhang X Q, Michel S, et al., 2005. Molecular bases for sensitivity to acetyl-coenzyme A carboxylase inhibitors in black-grass. Plant Physiol, 137（3）: 794-806. doi: 10.1104/pp.104.046144.

Deng L, Wang H, Sun C, et al., 2018. Efficient generation of pink-fruited tomatoes using CRISPR/Cas9 system. J Genet Genomics, 45（1）: 51-54. doi: 10.1016/j.jgg.2017.10.002.

Do P T, Nguyen C X, Bui H T, et al., 2019. Demonstration of highly efficient dual gRNA CRISPR/Cas9 editing of the homeologous GmFAD2-1A and GmFAD2-1B genes to yield a high oleic, low linoleic and α-linolenic acid phenotype in soybean. BMC Plant Biol, 19（1）: 311. doi: 10.1186/s12870-019-1906-8.

Dong H, Huang Y, Wang K, 2021. The Development of Herbicide Resistance Crop Plants Using CRISPR/Cas9-Mediated Gene Editing. Genes（Basel）, 12（6）: 912. doi: 10.3390/genes12060912.

Dong L, Qi X, Zhu J, et al., 2019. Supersweet and waxy: meeting the diverse demands for specialty maize by genome editing. Plant Biotechnol J, 17（10）: 1853-1855. doi: 10.1111/pbi.13144.

Dong O X, Yu S, Jain R, et al., 2020. Marker-free carotenoid-enriched rice generated through targeted gene insertion using CRISPR-Cas9. Nat Commun, 11（1）: 1178. doi: 10.1038/s41467-020-14981-y.

Durai S, Mani M, Kandavelou K, et al., 2005. Zinc finger nucleases: custom-designed molecular scissors for genome engineering of plant and mammalian cells. Nucleic Acids Res, 33（18）: 5978-5990. doi: 10.1093/nar/gki912.

Endo M, Mikami M, Toki S, 2016. Biallelic Gene Targeting in Rice. Plant Physiol, 170（2）: 667-77. doi: 10.1104/pp.15.01663.

Ezura H, 2022. Letter to the Editor: The World's First CRISPR Tomato Launched to a Japanese Market: The Social-Economic Impact of its Implementation on Crop Genome Editing. Plant Cell Physiol, 63（6）: 731-733. doi: 10.1093/pcp/pcac048.

Fan S, Zhang Z, Song Y, et al., 2022. CRISPR/Cas9-mediated targeted mutagenesis of GmTCP19L increasing susceptibility to Phytophthora sojae in soybean. PLoS One, 17（6）: e0267502. doi: 10.1371/journal.pone.0267502.

Feng Z, Mao Y, Xu N, et al., 2014. Multigeneration analysis reveals the inheritance, specificity, and patterns of CRISPR/Cas-induced gene modifications in Arabidopsis. Proc Natl Acad Sci U S A, 111（12）: 4632-7. doi: 10.1073/pnas.1400822111.

Gao H, Gadlage M J, Lafitte H R, et al., 2020. Superior field performance of waxy corn engineered using CRISPR-Cas9. Nat Biotechnol, 38（5）: 579-581. doi: 10.1038/s41587-020-0444-0.

Gao L, Yang G, Li Y, et al., 2021. A kelch-repeat superfamily gene, ZmNL4, controls leaf width in maize（Zea mays L.）. Plant J, 107（3）: 817-830. doi: 10.1111/tpj.15348.

Guan H, Chen X, Wang K, et al., 2022. Genetic Variation in ZmPAT7 Contributes to Tassel Branch Number in Maize. Int J Mol Sci, 23（5）: 2586. doi: 10.3390/ijms23052586.

Hahn F, Sanjurjo Loures L, Sparks C A, et al., 2021. Efficient CRISPR/Cas-Mediated Targeted Mutagenesis in Spring and Winter Wheat Varieties. Plants（Basel）, 10（7）: 1481. doi: 10.3390/plants10071481.

Hale C R, Zhao P, Olson S, et al., 2009. RNA-guided RNA cleavage by a CRISPR RNA-Cas protein complex. Cell, 139（5）: 945-956. doi: 10.1016/j.cell.2009.07.040.

Haun W, Coffman A, Clasen B M, et al., 2014. Improved soybean oil quality by targeted mutagenesis of the fatty acid desaturase 2 gene family. Plant Biotechnol J, 12（7）: 934-40. doi: 10.1111/pbi.12201.

Hong Y, Meng J, He X, et al., 2021. Editing miR482b and miR482c Simultaneously by CRISPR/Cas9 Enhanced Tomato Resistance to Phytophthora infestans. Phytopathology, 111（6）: 1008-1016. doi: 10.1094/PHYTO-08-20-0360-R.

Hryhorowicz M, Lipiński D, Zeyland J, 2023. Evolution of CRISPR/Cas Systems for Precise Genome Editing. Int J Mol Sci, 24（18）: 14233. doi: 10.3390/ijms241814233.

Hua K, Tao X, Yuan F, et al. Precise A·T to G·C Base Editing in the Rice Genome. Mol Plant. 2018 Apr 2; 11（4）: 627-630. doi: 10.1016/j.molp.2018.02.007.

Hua K, Tao X, Zhu J K, 2019. Expanding the base editing scope in rice by using Cas9 variants. Plant Biotechnol J, 17（2）: 499-504. doi: 10.1111/pbi.12993.

Huang F, Zhu B, 2021. The Cyclic Oligoadenylate Signaling Pathway of Type Ⅲ CRISPR-Cas Systems. Front Microbiol, 11: 602789. doi: 10.3389/fmicb.2020.602789.

Huang S, Weigel D, Beachy R N, et al., 2016. A proposed regulatory framework for genome-edited crops. Nat Genet, 48（2）: 109-111. doi: 10.1038/ng.3484.

Huang X, Qian Q, Liu Z, et al., 2009. Natural variation at the DEP1 locus enhances grain yield in rice. Nat Genet, 41（4）: 494-497. doi: 10.1038/ng.352.

Hummel A W, Chauhan R D, Cermak T, et al., 2018. Allele exchange at the EPSPS locus confers glyphosate tolerance in cassava. Plant Biotechnol J, 16（7）: 1275-1282. doi: 10.1111/pbi.12868.

Hunziker J, Nishida K, Kondo A, et al., 2020. Multiple gene substitution by Target-AID base-editing technology in tomato. Sci Rep, 10（1）: 20471. doi: 10.1038/s41598-020-77379-2.

Ishino Y, Shinagawa H, Makino K, et al., 1987. Nucleotide sequence of the iap gene, responsible for alkaline phosphatase isozyme conversion in Escherichia coli, and identification of the gene product. J Bacteriol, 169（12）: 5429-5433. doi: 10.1128/jb.169.12.5429-5433.1987.

Jacobs T B, LaFayette P R, Schmitz R J, et al., 2015. Targeted genome modifications in soybean with CRISPR/Cas9. BMC Biotechnol, 15: 16. doi: 10.1186/s12896-015-0131-2.

Jansen R, Embden J D, Gaastra W, et al., 2002. Identification of genes that are associated with DNA repeats in prokaryotes. Mol Microbiol, 43 (6): 1565-1575. doi: 10.1046/j.1365-2958.2002.02839.x.

Jiang C, Sun J, Li R, et al., 2022. A reactive oxygen species burst causes haploid induction in maize. Mol Plant, 15 (6): 943-955. doi: 10.1016/j.molp.2022.04.001.

Jiang Y, An X, Li Z, et al., 2021a. CRISPR/Cas9-based discovery of maize transcription factors regulating male sterility and their functional conservation in plants. Plant Biotechnol J, 19 (9): 1769-1784. doi: 10.1111/pbi.13590.

Jiang Y, Li Z, Liu X, et al., 2021b. ZmFAR1 and ZmABCG26 Regulated by microRNA Are Essential for Lipid Metabolism in Maize Anther. Int J Mol Sci, 22 (15): 7916. doi: 10.3390/ijms22157916.

Jiang Y Y, Chai Y P, Lu M H, et al., 2020. Prime editing efficiently generates W542L and S621I double mutations in two ALS genes in maize. Genome Biol, 21 (1): 257. doi: 10.1186/s13059-020-02170-5.

Jinek M, Chylinski K, Fonfara I, et al., 2012. A programmable dual-RNA-guided DNA endonuclease in adaptive bacterial immunity. Science, 337 (6096): 816-21. doi: 10.1126/science.1225829.

Kan J, Cai Y, Cheng C, et al., 2023. CRISPR/Cas9-guided knockout of eIF4E improves Wheat yellow mosaic virus resistance without yield penalty. Plant Biotechnol J, 21 (5): 893-895. doi: 10.1111/pbi.14002.

Kang B C, Woo J W, Kim S T, et al., 2019. Guidelines for C to T base editing in plants: base-editing window, guide RNA length, and efficient promoter. Plant Biotechnology Reports, 13 (5): 533-541. doi: 10.1007/s11816-019-00572-x.

Kelliher T, Starr D, Su X, et al., 2019. One-step genome editing of elite crop germplasm during haploid induction. Nat Biotechnol, 37 (3): 287-292. doi: 10.1038/s41587-019-0038-x.

Khan M S S, Basnet R, Islam S A, et al., 2019. Mutational Analysis of OsPLDα1 Reveals Its Involvement in Phytic Acid Biosynthesis in Rice Grains. J Agric Food

Chem, 67 (41): 11436-11443. doi: 10.1021/acs.jafc.9b05052.

Khanday I, Skinner D, Yang B, et al., 2019 A male-expressed rice embryogenic trigger redirected for asexual propagation through seeds. Nature, 565 (7737): 91-95. doi: 10.1038/s41586-018-0785-8.

Khanday I, Sundaresan V, 2021. Plant zygote development: recent insights and applications to clonal seeds. Curr Opin Plant Biol, 59: 101993. doi: 10.1016/j.pbi.2020.101993.

Kim H, Kim S T, Ryu J, et al., 2017. CRISPR/Cpf1-mediated DNA-free plant genome editing. Nat Commun, 8: 14406. doi: 10.1038/ncomms14406.

Kim S, Kim J S, 2011. Targeted genome engineering via zinc finger nucleases. Plant Biotechnol Rep, 5 (1): 9-17. doi: 10.1007/s11816-010-0161-0.

Kim Y A, Moon H, Park C J, 2019. CRISPR/Cas9-targeted mutagenesis of Os8N3 in rice to confer resistance to Xanthomonas oryzae pv. oryzae. Rice (N Y), 12 (1): 67. doi: 10.1186/s12284-019-0325-7.

Kim Y G, Cha J, Chandrasegaran S, 1996. Hybrid restriction enzymes: zinc finger fusions to Fok I cleavage domain. Proc Natl Acad Sci U S A, 93 (3): 1156-60. doi: 10.1073/pnas.93.3.1156.

Kong X, Wang F, Wang Z, et al., 2023. Grain yield improvement by genome editing of TaARF12 that decoupled peduncle and rachis development trajectories via differential regulation of gibberellin signalling in wheat. Plant Biotechnol J, 21 (10): 1990-2001. doi: 10.1111/pbi.14107.

Koonin E V, Makarova K S, Zhang F, 2017. Diversity, classification and evolution of CRISPR-Cas systems. Curr Opin Microbiol, 37: 67-78. doi: 10.1016/j.mib.2017.05.008.

Kuang Y, Li S, Ren B, et al., 2020. Base-Editing-Mediated Artificial Evolution of OsALS1 In Planta to Develop Novel Herbicide-Tolerant Rice Germplasms. Mol Plant, 13 (4): 565-572. doi: 10.1016/j.molp.2020.01.010.

Kuppu S, Ron M, Marimuthu M P A, et al., 2020. A variety of changes, including CRISPR/Cas9-mediated deletions, in CENH3 lead to haploid induction on outcrossing. Plant Biotechnol J, 18（10）: 2068-2080. doi: 10.1111/pbi.13365.

Le N T, Tran H T, Bui T P, et al. Simultaneously induced mutations in eIF4E genes by CRISPR/Cas9 enhance PVY resistance in tobacco. Sci Rep. 2022 Aug 26; 12（1）: 14627. doi: 10.1038/s41598-022-18923-0.

Lemmon Z H, Reem N T, Dalrymple J, et al., 2018. Rapid improvement of domestication traits in an orphan crop by genome editing. Nat Plants, 4（10）: 766-770. doi: 10.1038/s41477-018-0259-x.

Li B, Liu J, Huang Q, 2023. A Digital PCR Method Based on Highly Specific Taq for Detecting Gene Editing and Mutations. Int J Mol Sci, 24（17）: 13405. doi: 10.3390/ijms241713405.

Li C, Li W, Zhou Z, et al., 2020. A new rice breeding method: CRISPR/Cas9 system editing of the Xa13 promoter to cultivate transgene-free bacterial blight-resistant rice. Plant Biotechnol J, 18（2）: 313-315. doi: 10.1111/pbi.13217.

Li C, Liu C, Qi X, et al., 2017. RNA-guided Cas9 as an in vivo desired-target mutator in maize. Plant Biotechnol J, 15（12）: 1566-1576. doi: 10.1111/pbi.12739.

Li C, Zhang R, Meng X, et al., 2020. Targeted, random mutagenesis of plant genes with dual cytosine and adenine base editors. Nat Biotechnol, 38（7）: 875-882. doi: 10.1038/s41587-019-0393-7.

Li C, Zong Y, Jin S, et al., 2020. SWISS: multiplexed orthogonal genome editing in plants with a Cas9 nickase and engineered CRISPR RNA scaffolds. Genome Biol, 21（1）: 141. doi: 10.1186/s13059-020-02051-x.

Li C, Zong Y, Wang Y, et al., 2018. Expanded base editing in rice and wheat using a Cas9-adenosine deaminase fusion. Genome Biol, 19（1）: 59. doi: 10.1186/s13059-018-1443-z.

Li J, Meng X, Zong Y, et al., 2016. Gene replacements and insertions in rice by intron targeting using CRISPR-Cas9. Nat Plants, 2: 16139. doi: 10.1038/nplants.2016.139.

Li J, Scarano A, Gonzalez N M, et al., 2022. Biofortified tomatoes provide a new route to vitamin D sufficiency. Nat Plants, 8(6): 611–616. doi: 10.1038/s41477-022-01154-6.

Li J F, Norville J E, Aach J, et al., 2013. Multiplex and homologous recombination-mediated genome editing in Arabidopsis and Nicotiana benthamiana using guide RNA and Cas9. Nat Biotechnol, 31(8): 688–91. doi: 10.1038/nbt.2654.

Li M, Li X, Zhou Z, et al., 2016. Reassessment of the Four Yield-related Genes Gn1a, DEP1, GS3, and IPA1 in Rice Using a CRISPR/Cas9 System. Front Plant Sci, 7: 377. doi: 10.3389/fpls.2016.00377.

Li M, Zhao R, Du Y, et al., 2021. The Coordinated KNR6-AGAP-ARF1 Complex Modulates Vegetative and Reproductive Traits by Participating in Vesicle Trafficking in Maize. Cells, 10(10): 2601. doi: 10.3390/cells10102601.

Li P, Li Z, Xie G, et al., 2021. Trihelix Transcription Factor ZmThx20 Is Required for Kernel Development in Maize. Int J Mol Sci, 22(22): 12137. doi: 10.3390/ijms222212137.

Li Q, Wu G, Zhao Y, et al., 2020. CRISPR/Cas9-mediated knockout and overexpression studies reveal a role of maize phytochrome C in regulating flowering time and plant height. Plant Biotechnol J, 18(12): 2520–2532. doi: 10.1111/pbi.13429.

Li Q, Zhang D, Chen M, et al., 2016. Development of japonica Photo-Sensitive Genic Male Sterile Rice Lines by Editing Carbon Starved Anther Using CRISPR/Cas9. J Genet Genomics, 43(6): 415–9. doi: 10.1016/j.jgg.2016.04.011.

Li R, Li R, Li X, et al., 2018. Multiplexed CRISPR/Cas9-mediated metabolic engineering of γ-aminobutyric acid levels in Solanum lycopersicum. Plant Biotechnol J, 16(2): 415–427. doi: 10.1111/pbi.12781.

Li S, Zhang Y, Xia L, et al., 2020. CRISPR-Cas12a enables efficient biallelic gene targeting in rice. Plant Biotechnol J, 18(6): 1351–1353. doi: 10.1111/pbi.13295.

Li T, Liu B, Spalding M H, et al., 2012. High-efficiency TALEN-based gene editing produces disease-resistant rice. Nat Biotechnol, 30（5）: 390-392. doi: 10.1038/nbt.2199.

Li T, Yang X, Yu Y, et al., 2018. Domestication of wild tomato is accelerated by genome editing. Nat Biotechnol, doi: 10.1038/nbt.4273.

Li Y, Lin Z, Yue Y, et al., 2021. Loss-of-function alleles of ZmPLD3 cause haploid induction in maize. Nat Plants, 7（12）: 1579-1588. doi: 10.1038/s41477-021-01037-2.

Li Y, Zhu J, Wu H, et al., 2020. Precise base editing of non-allelic acetolactate synthase genes confers sulfonylurea herbicide resistance in maize. Crop J, 8: 449-456. doi: 10.1016/j.cj.2019.10.001.

Li Z, Liu Z B, Xing A, et al., 2015. Cas9-Guide RNA Directed Genome Editing in Soybean. Plant Physiol, 169（2）: 960-970. doi: 10.1104/pp.15.00783.

Lin F, Zhao M, Baumann D D, et al., 2014. Molecular response to the pathogen Phytophthora sojae among ten soybean near isogenic lines revealed by comparative transcriptomics. BMC Genomics, 15: 18. doi: 10.1186/1471-2164-15-18.

Lin Q, Zong Y, Xue C, et al., 2020. Prime genome editing in rice and wheat. Nat Biotechnol, 38（5）: 582-585. doi: 10.1038/s41587-020-0455-x.

Liu C, Kong M, Yang F, et al., 2022. Targeted generation of Null Mutants in ZmGDIα confers resistance against maize rough dwarf disease without agronomic penalty. Plant Biotechnol J, 20（5）: 803-805. doi: 10.1111/pbi.13793.

Liu C, Li X, Meng D, et al., 2017. A 4-bp Insertion at ZmPLA1 Encoding a Putative Phospholipase A Generates Haploid Induction in Maize. Mol Plant, 10（3）: 520-522. doi: 10.1016/j.molp.2017.01.011.

Liu C, Zhong Y, Qi X, et al., 2020. Extension of the in vivo haploid induction system from diploid maize to hexaploid wheat. Plant Biotechnol J, 18（2）: 316-318. doi: 10.1111/pbi.13218.

Liu H, Wang K, Jia Z, et al., 2020. Efficient induction of haploid plants in wheat by editing of TaMTL using an optimized Agrobacterium-mediated CRISPR system.

J Exp Bot, 71 (4): 1337-1349. doi: 10.1093/jxb/erz529.

Liu L, Gallagher J, Arevalo E D, et al., 2021. Enhancing grain-yield-related traits by CRISPR-Cas9 promoter editing of maize CLE genes. Nat Plants, 7 (3): 287-294. doi: 10.1038/s41477-021-00858-5.

Liu L, Kuang Y, Yan F, et al., 2021. Developing a novel artificial rice germplasm for dinitroaniline herbicide resistance by base editing of OsTubA2. Plant Biotechnol J, 19 (1): 5-7. doi: 10.1111/pbi.13430.

Liu W Y, Lin H H, Yu C P, et al., 2020. Maize ANT1 modulates vascular development, chloroplast development, photosynthesis, and plant growth. Proc Natl Acad Sci U S A, 117 (35): 21747-21756. doi: 10.1073/pnas.2012245117.

Liu X, Qin R, Li J, et al., 2020. A CRISPR-Cas9-mediated domain-specific base-editing screen enables functional assessment of ACCase variants in rice. Plant Biotechnol J, 18 (9): 1845-1847. doi: 10.1111/pbi.13348.

Liu X, Zhang S, Jiang Y, et al., 2022. Use of CRISPR/Cas9-Based Gene Editing to Simultaneously Mutate Multiple Homologous Genes Required for Pollen Development and Male Fertility in Maize. Cells, 11 (3): 439. doi: 10.3390/cells11030439.

Lloyd A, Plaisier C L, Carroll D, et al., 2005. Targeted mutagenesis using zinc-finger nucleases in Arabidopsis. Proc Natl Acad Sci U S A, 102 (6): 2232-2237. doi: 10.1073/pnas.0409339102.

Lu H P, Luo T, Fu H W, et al., 2018. Resistance of rice to insect pests mediated by suppression of serotonin biosynthesis. Nat Plants, 4 (6): 338-344. doi: 10.1038/s41477-018-0152-7.

Lu K, Wu B, Wang J, et al., 2018. Blocking amino acid transporter OsAAP3 improves grain yield by promoting outgrowth buds and increasing tiller number in rice. Plant Biotechnology Journal, 16 (10): 1710-1722, doi: 10.1111/pbi.12907

Lu X L, Wu H Q, Zhang Q, et al, 2020. Induction of pollen embryo and chromosome doubling in tobacco (Nicotiana tabacum L.), Turkish Journal of

Botany, 44（1）: 76-84.

Lu Y, Wang J, Chen B, et al., 2021. A donor-DNA-free CRISPR/Cas-based approach to gene knock-up in rice. Nat Plants, 7（11）: 1445-1452. doi: 10.1038/s41477-021-01019-4.

Luo M, Zhang Y, Li J, et al., 2021. Molecular dissection of maize seedling salt tolerance using a genome-wide association analysis method. Plant Biotechnol J, 19（10）: 1937-1951. doi: 10.1111/pbi.13607.

Luo Y, Zhang M, Liu Y, et al., 2022. Genetic variation in YIGE1 contributes to ear length and grain yield in maize. New Phytol, 234（2）: 513-526. doi: 10.1111/nph.17882.

Lv J, Yu K, Wei J, et al., 2020. Generation of paternal haploids in wheat by genome editing of the centromeric histone CENH3. Nat Biotechnol, 38（12）: 1397-1401. doi: 10.1038/s41587-020-0728-4.

Ma L, Sun Y, Ruan X, et al., 2021. Genome-Wide Characterization of Jasmonates Signaling Components Reveals the Essential Role of ZmCOI1a-ZmJAZ15 Action Module in Regulating Maize Immunity to Gibberella Stalk Rot. Int J Mol Sci, 22（2）: 870. doi: 10.3390/ijms22020870.

Macovei A, Sevilla N R, Cantos C, et al., 2018. Novel alleles of rice eIF4G generated by CRISPR/Cas9-targeted mutagenesis confer resistance to Rice tungro spherical virus. Plant Biotechnol J, 16（11）: 1918-1927. doi: 10.1111/pbi.12927.

Makarova K S, Koonin E V, 2015. Annotation and Classification of CRISPR-Cas Systems. Methods Mol Biol, 1311: 47-75. doi: 10.1007/978-1-4939-2687-9_4.

Makarova K S, Wolf Y I, Iranzo J, et al., 2020. Evolutionary classification of CRISPR-Cas systems: a burst of class 2 and derived variants. Nat Rev Microbiol, 18（2）: 67-83. doi: 10.1038/s41579-019-0299-x.

Malzahn A, Lowder L, Qi Y, 2017. Plant genome editing with TALEN and CRISPR. Cell Biosci, 7: 21. doi: 10.1186/s13578-017-0148-4.

Marraffini L A, Sontheimer E J, 2008. CRISPR interference limits horizontal gene transfer in staphylococci by targeting DNA. Science, 322 (5909): 1843–1845. doi: 10.1126/science.1165771.

Matsoukas I G, 2018. Commentary: Programmable base editing of A·T to G·C in genomic DNA without DNA cleavage. Front Genet, 9: 21. doi: 10.3389/fgene.2018.00021.

Miao C, Wang D, He R, et al., 2020. Mutations in MIR396e and MIR396f increase grain size and modulate shoot architecture in rice. Plant Biotechnol J, 18 (2): 491–501. doi: 10.1111/pbi.13214.

Michno J M, Wang X, Liu J, et al., 2015. CRISPR/Cas mutagenesis of soybean and Medicago truncatula using a new web-tool and a modified Cas9 enzyme. GM Crops Food, 6 (4): 243–52. doi: 10.1080/21645698.2015.1106063.

Miller J, McLachlan A D, Klug A, 1985. Repetitive zinc-binding domains in the protein transcription factor ⅢA from Xenopus oocytes. EMBO J, 4 (6): 1609–1614. doi: 10.1002/j.1460-2075.1985.tb03825.x.

Mishra R, Mohanty J N, Mahanty B, et al., 2021. A single transcript CRISPR/Cas9 mediated mutagenesis of CaERF28 confers anthracnose resistance in chilli pepper (*Capsicum annuum* L.). Planta, 254 (1): 5. doi: 10.1007/s00425-021-03660-x.

Mock U, Hauber I, Fehse B, 2016. Digital PCR to assess gene-editing frequencies (GEF-dPCR) mediated by designer nucleases. Nat Protoc, 11 (3): 598–615. doi: 10.1038/nprot.2016.027.

Moon K B, Park S J, Park J S, et al., 2022. Editing of StSR4 by Cas9-RNPs confers resistance to Phytophthora infestans in potato. Front Plant Sci, 13: 997888. doi: 10.3389/fpls.2022.997888.

Moon S B, Kim D Y, Ko J H, et al., 2019. Recent advances in the CRISPR genome editing tool set. Exp Mol Med, 51 (11): 1–11. doi: 10.1038/s12276-019-0339-7.

Moscou M J, Bogdanove A J, 2009. A simple cipher governs DNA recognition by

TAL effectors. Science, 326 (5959): 1501. doi: 10.1126/science.1178817.

Mueller A L, Corbi-Verge C, Giganti D O, et al., 2020. The geometric influence on the Cys2His2 zinc finger domain and functional plasticity. Nucleic Acids Res, 48 (11): 6382-6402. doi: 10.1093/nar/gkaa291.

Nadakuduti S S, Enciso-Rodríguez F, 2021. Advances in Genome Editing With CRISPR Systems and Transformation Technologies for Plant DNA Manipulation. Front Plant Sci, 11: 637159. doi: 10.3389/fpls.2020.637159.

Nawaz G, Usman B, Peng H, et al., 2020. Knockout of Pi21 by CRISPR/Cas9 and iTRAQ-Based Proteomic Analysis of Mutants Revealed New Insights into M. oryzae Resistance in Elite Rice Line. Genes (Basel), 11 (7): 735. doi: 10.3390/genes11070735.

Ni E, Deng L, Chen H, et al., 2021. OsCER1 regulates humidity-sensitive genic male sterility through very-long-chain (VLC) alkane metabolism of tryphine in rice. Funct Plant Biol, 48: 461. https://doi.org/10.1071/FP20168.

Ni P, Zhao Y, Zhou X, et al., 2023. Efficient and versatile multiplex prime editing in hexaploid wheat. Genome Biol, 24 (1): 156. doi: 10.1186/s13059-023-02990-1.

Ning Q, Jian Y, Du Y, et al., 2021. An ethylene biosynthesis enzyme controls quantitative variation in maize ear length and kernel yield. Nat Commun, 12 (1): 5832. doi: 10.1038/s41467-021-26123-z.

Nishimasu H, Ran F A, Hsu P D, et al., 2014. Crystal structure of Cas9 in complex with guide RNA and target DNA. Cell, 156 (5): 935-949. doi: 10.1016/j.cell.2014.02.001.

O'Connell M R, 2019. Molecular Mechanisms of RNA Targeting by Cas13-containing Type VI CRISPR-Cas Systems. J Mol Biol, 431 (1): 66-87. doi: 10.1016/j.jmb.2018.06.029.

Okuzaki A, Ogawa T, Koizuka C, et al., 2018. CRISPR/Cas9-mediated genome editing of the fatty acid desaturase 2 gene in Brassica napus. Plant Physiol Biochem, 131: 63-69. doi: 10.1016/j.plaphy.2018.04.025.

Oliva R, Ji C, Atienza-Grande G, et al., 2019. Broad-spectrum resistance to bacterial blight in rice using genome editing. Nat Biotechnol, 37(11): 1344-1350. doi: 10.1038/s41587-019-0267-z.

Ortigosa A, Gimenez-Ibanez S, Leonhardt N, et al., 2019. Design of a bacterial speck resistant tomato by CRISPR/Cas9-mediated editing of SlJAZ2. Plant Biotechnol J, 17(3): 665-673. doi: 10.1111/pbi.13006.

Osakabe K, Osakabe Y, Toki S, 2010. Site-directed mutagenesis in Arabidopsis using custom-designed zinc finger nucleases. Proc Natl Acad Sci U S A, 107(26): 12034-9. doi: 10.1073/pnas.1000234107.

Packer M S, Liu D R, 2015. Methods for the directed evolution of proteins. Nat Rev Genet, 16(7): 379-394. doi: 10.1038/nrg3927.

Pak H, Wang H Y, Kim Y, et al., 2021. creation of male-sterile lines that can be restored to fertility by exogenous methyl jasmonate for the establishment of a two-line system for the hybrid production of rice (Oryza sativa L.). Plant Biotechnol J, 19: 365-374. doi: 10.1111/pbi.13471.

Pan C, Ye L, Qin L, et al., 2016. CRISPR/Cas9-mediated efficient and heritable targeted mutagenesis in tomato plants in the first and later generations. Sci Rep, 6: 24765. doi: 10.1038/srep24765. Erratum in: Sci Rep. 2017 Dec 22; 7: 46916. doi: 10.1038/srep46916.

Paszkowski J, Baur M, Bogucki A, et al., 1988. Gene targeting in plants. EMBO J, 7(13): 4021-4026. doi: 10.1002/j.1460-2075.1988.tb03295.x.

Pathi K M, Rink P, Budhagatapalli N, et al., 2020. Engineering Smut Resistance in Maize by Site-Directed Mutagenesis of LIPOXYGENASE 3. Front Plant Sci, 11: 543895. doi: 10.3389/fpls.2020.543895.

Pattanayak V, Guilinger J P, Liu D R, 2014. Determining the specificities of TALENs, Cas9, and other genome-editing enzymes. Methods Enzymol, 546: 47-78. doi: 10.1016/B978-0-12-801185-0.00003-9.

Peng A, Chen S, Lei T, et al., 2017. Engineering canker-resistant plants through CRISPR/Cas9-targeted editing of the susceptibility gene CsLOB1 promoter in citrus. Plant Biotechnol J, 15（12）: 1509-1519. doi: 10.1111/pbi.12733.

Peng C, Wang H, Xu X, et al., 2018. High-throughput detection and screening of plants modified by gene editing using quantitative real-time polymerase chain reaction. Plant J, 95（3）: 557-567. doi: 10.1111/tpj.13961.

Peng C, Zheng M, Ding L, et al., 2020. Accurate Detection and Evaluation of the Gene-Editing Frequency in Plants Using Droplet Digital PCR. Front Plant Sci, 11: 610790. doi: 10.3389/fpls.2020.610790.

Petolino J F, 2015. Genome editing in plants via designed zinc finger nucleases. In Vitro Cell Dev Biol Plant, 51（1）: 1-8. doi: 10.1007/s11627-015-9663-3.

Pompili V, Dalla Costa L, Piazza S, et al., 2020. Reduced fire blight susceptibility in apple cultivars using a high-efficiency CRISPR/Cas9-FLP/FRT-based gene editing system. Plant Biotechnol J, 18（3）: 845-858. doi: 10.1111/pbi.13253.

Poretsky E, Dressano K, Weckwerth P, et al., 2020. Differential activities of maize plant elicitor peptides as mediators of immune signaling and herbivore resistance. Plant J, 104（6）: 1582-1602. doi: 10.1111/tpj.15022.

Qi X, Guo S, Wang D, et al., 2022. ZmCOI2a and ZmCOI2b redundantly regulate anther dehiscence and gametophytic male fertility in maize. Plant J, 110（3）: 849-862. doi: 10.1111/tpj.15708.

Qiao D, Wang J, Lu M H, et al., 2023. Optimized prime editing efficiently generates heritable mutations in maize. J Integr Plant Biol, 65（4）: 900-906. doi: 10.1111/jipb.13428.

Ren B, Yan F, Kuang Y, et al., 2018. Improved Base Editor for Efficiently Inducing Genetic Variations in Rice with CRISPR/Cas9-Guided Hyperactive hAID Mutant. Mol Plant, 11（4）: 623-626. doi: 10.1016/j.molp.2018.01.005.

Rouet P, Smih F, Jasin M, 1994. Introduction of double-strand breaks into the genome of mouse cells by expression of a rare-cutting endonuclease. Mol Cell Biol, 14（12）: 8096-106. doi: 10.1128/mcb.14.12.8096-8106.1994.

Rudin N, Haber J E, 1988. Efficient repair of HO-induced chromosomal breaks in Saccharomyces cerevisiae by recombination between flanking homologous sequences. Mol Cell Biol, 8（9）: 3918-3928. doi: 10.1128/mcb.8.9.3918-3928.1988.

Sander J D, Dahlborg E J, Goodwin M J, et al., 2011. Selection-free zinc-finger-nuclease engineering by context-dependent assembly（CoDA）. Nat Methods, 8（1）: 67-69. doi: 10.1038/nmeth.1542.

Sapranauskas R, Gasiunas G, Fremaux C, et al., 2011. The Streptococcus thermophilus CRISPR/Cas system provides immunity in Escherichia coli. Nucleic Acids Res, 39（21）: 9275-82. doi: 10.1093/nar/gkr606.

Sauer N J, Narváez-Vásquez J, Mozoruk J, et al., 2016. Oligonucleotide-Mediated Genome Editing Provides Precision and Function to Engineered Nucleases and Antibiotics in Plants. Plant Physiol, 170（4）: 1917-1928. doi: 10.1104/pp.15.01696.

Schornack S, Moscou M J, Ward E R, et al., 2013. Engineering plant disease resistance based on TAL effectors. Annu Rev Phytopathol, 51: 383-406. doi: 10.1146/annurev-phyto-082712-102255.

Shan Q, Wang Y, Li J, et al., 2013. Targeted genome modification of crop plants using a CRISPR-Cas system. Nat Biotechnol, 31（8）: 686-688. doi: 10.1038/nbt.2650.

Shimatani Z, Fujikura U, Ishii H, et al., 2018. Inheritance of co-edited genes by CRISPR-based targeted nucleotide substitutions in rice. Plant Physiol Biochem, 131: 78-83. doi: 10.1016/j.plaphy.2018.04.028.

Shimatani Z, Kashojiya S, Takayama M, et al., 2017. Targeted base editing in rice and tomato using a CRISPR-Cas9 cytidine deaminase fusion. Nat Biotechnol, 35（5）: 441-443. doi: 10.1038/nbt.3833.

Shmakov S, Smargon A, Scott D, et al., 2017. Diversity and evolution of class 2 CRISPR-Cas systems. Nat Rev Microbiol, 15（3）: 169-182. doi: 10.1038/nrmicro.2016.184.

Shukla V K, Doyon Y, Miller J C, et al., 2009. Precise genome modification in the crop species Zea mays using zinc-finger nucleases. Nature, 459（7245）: 437-

441. doi: 10.1038/nature07992.

Sorek R, Kunin V, Hugenholtz P, 2008. CRISPR—a widespread system that provides acquired resistance against phages in bacteria and archaea. Nat Rev Microbiol, 6（3）: 181-186. doi: 10.1038/nrmicro1793.

Sorek R, Lawrence C M, Wiedenheft B, 2013. CRISPR-mediated adaptive immune systems in bacteria and archaea. Annu Rev Biochem, 82: 237-266. doi: 10.1146/annurev-biochem-072911-172315.

Streubel J, Blücher C, Landgraf A, et al., 2012. TAL effector RVD specificities and efficiencies. Nat Biotechnol, 30（7）: 593-595. doi: 10.1038/nbt.2304.

Sun G, Geng S, Zhang H, et al., 2022. Matrilineal empowers wheat pollen with haploid induction potency by triggering postmitosis reactive oxygen species activity. New Phytol, 233（6）: 2405-2414. doi: 10.1111/nph.17963.

Sun W, Zhou X J, Chen C, et al., 2022. Maize Interveinal Chlorosis 1 links the Yang Cycle and Fe homeostasis through Nicotianamine biosynthesis. Plant Physiol, 188（4）: 2131-2145. doi: 10.1093/plphys/kiac009.

Sun X, Hu Z, Chen R, et al., 2015. Targeted mutagenesis in soybean using the CRISPR-Cas9 system. Sci Rep, 5: 10342. doi: 10.1038/srep10342.

Sun Y, Jiao G, Liu Z, et al., 2017. Generation of High-Amylose Rice through CRISPR/Cas9-Mediated Targeted Mutagenesis of Starch Branching Enzymes. Front Plant Sci, 8: 298. doi: 10.3389/fpls.2017.00298.

Sun Y, Zhang X, Wu C, et al., 2016. Engineering Herbicide-Resistant Rice Plants through CRISPR/Cas9-Mediated Homologous Recombination of Acetolactate Synthase. Mol Plant, 9（4）: 628-631. doi: 10.1016/j.molp.2016.01.001.

Svitashev S, Young J K, Schwartz C, et al., 2015. Targeted Mutagenesis, Precise Gene Editing, and Site-Specific Gene Insertion in Maize Using Cas9 and Guide RNA. Plant Physiol, 169（2）: 931-945. doi: 10.1104/pp.15.00793.

Takeuchi N, Wolf Y I, Makarova K S, et al., 2012. Nature and intensity of selection pressure on CRISPR-associated genes. J Bacteriol, 194（5）: 1216-1225. doi: 10.1128/JB.06521-11.

Tang L, Mao B, Li Y, et al., 2017. Knockout of OsNramp5 using the CRISPR/Cas9 system produces low Cd-accumulating indica rice without compromising yield. Sci Rep, 7(1): 14438. doi: 10.1038/s41598-017-14832-9.

Teng C, Zhang H, Hammond R, et al., 2020. Dicer-like 5 deficiency confers temperature-sensitive male sterility in maize. Nat Commun, 11(1): 2912. doi: 10.1038/s41467-020-16634-6.

Tian J, Wang C, Xia J, et al., 2019. Teosinte ligule allele narrows plant architecture and enhances high-density maize yields. Science, 365(6454): 658-664. doi: 10.1126/science.aax5482.

Tian S, Jiang L, Cui X, et al., 2018. Engineering herbicide-resistant watermelon variety through CRISPR/Cas9-mediated base-editing. Plant Cell Rep, 37(9): 1353-1356. doi: 10.1007/s00299-018-2299-0.

Tovkach A, Zeevi V, Tzfira T, 2009. A toolbox and procedural notes for characterizing novel zinc finger nucleases for genome editing in plant cells. Plant J, 57(4): 747-757. doi: 10.1111/j.1365-313X.2008.03718.x.

Townsend J A, Wright D A, Winfrey R J, et al., 2009. High-frequency modification of plant genes using engineered zinc-finger nucleases. Nature, 459(7245): 442-445. doi: 10.1038/nature07845.

Tranel P J, Wright T R, Heap I M. Mutations in Herbicide-Resistant Weeds to ALS Inhibitors. [(accessed on 5 May 2021)]. Available online: http://www.weedscience.com [Ref list]

Tripathi L, Tripathi J N, Shah T, et al., 2019. Molecular Basis of Disease Resistance in Banana Progenitor Musa balbisiana against Xanthomonas campestris pv. musacearum. Sci Rep, 9(1): 7007. doi: 10.1038/s41598-019-43421-1.

Ueta R, Abe C, Watanabe T, et al., 2017. Rapid breeding of parthenocarpic tomato plants using CRISPR/Cas9. Sci Rep, 7(1): 507. doi: 10.1038/s41598-017-00501-4.

Veillet F, Perrot L, Chauvin L, et al., 2019. Transgene-Free Genome Editing in Tomato and Potato Plants Using Agrobacterium-Mediated Delivery of a

CRISPR/Cas9 Cytidine Base Editor. Int J Mol Sci, 20（2）: 402. doi: 10.3390/ijms20020402.

Veillet F, Perrot L, Guyon-Debast A, et al., 2020. Expanding the CRISPR Toolbox in P. patens Using SpCas9-NG Variant and Application for Gene and Base Editing in Solanaceae Crops. Int J Mol Sci, 21（3）: 1024. doi: 10.3390/ijms21031024.

Vernet A, Meynard D, Lian Q, et al., 2022. High-frequency synthetic apomixis in hybrid rice. Nat Commun, 13（1）: 7963. doi: 10.1038/s41467-022-35679-3.

Voytas D F, 2013. Plant genome engineering with sequence-specific nucleases. Annu Rev Plant Biol, 64: 327-50. doi: 10.1146/annurev-arplant-042811-105552.

Waltz E, 2022. GABA-enriched tomato is first CRISPR-edited food to enter market. Nat Biotechnol, 40（1）: 9-11. doi: 10.1038/d41587-021-00026-2.

Waltz E, 2016. Gene-edited CRISPR mushroom escapes US regulation. Nature, 532（7599）: 293. doi: 10.1038/nature.2016.19754.

Wang B, Zhu L, Zhao B, et al., 2019. Development of a Haploid-Inducer Mediated Genome Editing System for Accelerating Maize Breeding. Mol Plant, 12（4）: 597-602. doi: 10.1016/j.molp.2019.03.006.

Wang C, Liu Q, Shen Y, et al., 2019. Clonal seeds from hybrid rice by simultaneous genome engineering of meiosis and fertilization genes. Nat Biotechnol, 37（3）: 283-286. doi: 10.1038/s41587-018-0003-0.

Wang C, Wang K, 2019. Rapid Screening of CRISPR/Cas9-Induced Mutants Using the ACT-PCR Method. Methods Mol Biol, 1917: 27-32. doi: 10.1007/978-1-4939-8991-1_2.

Wang F, Cui P J, Tian Y, et al., 2020. Maize ZmPT7 regulates Pi uptake and redistribution which is modulated by phosphorylation. Plant Biotechnol J, 18(12): 2406-2419. doi: 10.1111/pbi.13414.

Wang F, Wang C, Liu P, et al., 2016. Enhanced Rice Blast Resistance by CRISPR/Cas9-Targeted Mutagenesis of the ERF Transcription Factor Gene OsERF922. PLoS One, 11（4）: e0154027. doi: 10.1371/journal.pone.0154027.

Wang J, Kuang H Q, Zhang Z H, et al., 2019. Generation of Seed Lipoxygenase-free Soybean Using CRISPR-Cas9. The Crop Journal, doi: 10.1016/j.cj.2019.08.008

Wang M, Lu Y, Botella J R, et al., 2017. Gene Targeting by Homology-Directed Repair in Rice Using a Geminivirus-Based CRISPR/Cas9 System. Mol Plant, 10 (7): 1007-1010. doi: 10.1016/j.molp.2017.03.002.

Wang N, Tang C, Fan X, et al., 2022. Inactivation of a wheat protein kinase gene confers broad-spectrum resistance to rust fungi. Cell, 185 (16): 2961-2974. e19. doi: 10.1016/j.cell.2022.06.027.

Wang S, Yokosho K, Guo R, et al., 2019. The Soybean Sugar Transporter GmSWEET15 Mediates Sucrose Export from Endosperm to Early Embryo. Plant Physiol, 180 (4): 2133-2141. doi: 10.1104/pp.19.00641.

Wang W, Pan Q, He F, et al., 2018. Transgenerational CRISPR-Cas9 Activity Facilitates Multiplex Gene Editing in Allopolyploid Wheat. CRISPR J, 1 (1): 65-74. doi: 10.1089/crispr.2017.0010.

Wang Y, Geng L, Yuan M, et al., 2017. Deletion of a target gene in Indica rice via CRISPR/Cas9. Plant Cell Rep, 36 (8): 1333-1343. doi: 10.1007/s00299-017-2158-4.

Wang Y, Liu X, Zheng X, et al., 2021. Creation of aromatic maize by CRISPR/Cas. J Integr Plant Biol, 63 (9): 1664-1670. doi: 10.1111/jipb.13105.

Wang Y, Yuan L, Su T, et al., 2020. Light- and temperature-entrainable circadian clock in soybean development. Plant Cell Environ, 43 (3): 637-648. doi: 10.1111/pce.13678.

Wang Z, Wan L, Xin Q, et al., 2021. Optimizing glyphosate tolerance in rapeseed by CRISPR/Cas9-based geminiviral donor DNA replicon system with Csy4-based single-guide RNA processing. J Exp Bot, 72 (13): 4796-4808. doi: 10.1093/jxb/erab167.

Weeks D P, Spalding M H, Yang B, 2016. Use of designer nucleases for targeted gene and genome editing in plants. Plant Biotechnol J, 14 (2): 483-495. doi:

10.1111/pbi.12448.

Wolt J D, Wang K, Yang B, 2016. The Regulatory Status of Genome-edited Crops. Plant Biotechnol J, 14（2）: 510-518. doi: 10.1111/pbi.12444.

Wu J, Chen C, Xian G, et al., 2020. Engineering herbicide-resistant oilseed rape by CRISPR/Cas9-mediated cytosine base-editing. Plant Biotechnol J, 18（9）: 1857-1859. doi: 10.1111/pbi.13368.

Wu N, Lu Q, Wang P, et al., 2020. Construction and Analysis of GmFAD2-1A and GmFAD2-2A Soybean Fatty Acid Desaturase Mutants Based on CRISPR/Cas9 Technology. Int J Mol Sci, 21（3）: 1104. doi: 10.3390/ijms21031104.

Wu Q, Xu F, Liu L, et al., 2020. The maize heterotrimeric G protein β subunit controls shoot meristem development and immune responses. Proc Natl Acad Sci U S A, 117（3）: 1799-1805. doi: 10.1073/pnas.1917577116.

Xie K, Yang Y, 2013. RNA-guided genome editing in plants using a CRISPR-Cas system. Mol Plant, 6（6）: 1975-1983. doi: 10.1093/mp/sst119.

Xu R, Li Y, Sui Z, et al., 2021. A C-terminal encoded peptide, ZmCEP1, is essential for kernel development in maize. J Exp Bot, 72（15）: 5390-5406. doi: 10.1093/jxb/erab224.

Xu R, Yang Y, Qin R, et al., 2016. Rapid improvement of grain weight via highly efficient CRISPR/Cas9-mediated multiplex genome editing in rice. J Genet Genomics, 43（8）: 529-532. doi: 10.1016/j.jgg.2016.07.003.

Xu W, Zhang C, Yang Y, et al., 2020. Versatile Nucleotides Substitution in Plant Using an Improved Prime Editing System. Mol Plant, 13（5）: 675-678. doi: 10.1016/j.molp.2020.03.012.

Yan D, Ren B, Liu L, et al., 2021. High-efficiency and multiplex adenine base editing in plants using new TadA variants. Mol Plant, 14（5）: 722-731. doi: 10.1016/j.molp.2021.02.007.

Yang R S, Xu F, Wang Y M, et al., 2021. Glutaredoxins regulate maize inflorescence meristem development via redox control of TGA transcriptional activity. Nat Plants, 7（12）: 1589-1601. doi: 10.1038/s41477-021-01029-2.

Ye M, Peng Z, Tang D, et al., 2018. Generation of self-compatible diploid potato by knockout of S-RNase. Nat Plants, 4 (9): 651-654. doi: 10.1038/s41477-018-0218-6.

Yoon Y J, Venkatesh J, Lee J H, et al., 2020. Genome Editing of eIF4E1 in Tomato Confers Resistance to Pepper Mottle Virus. Front Plant Sci, 11: 1098. doi: 10.3389/fpls.2020.01098.

Yu H, Lin T, Meng X, et al., 2021 A route to de novo domestication of wild allotetraploid rice. Cell, 184 (5): 1156-1170.e14. doi: 10.1016/j.cell.2021.01.013.

Yu Q, Jalaludin A, Han H, et al., 2015. Evolution of a double amino acid substitution in the 5-enolpyruvylshikimate-3-phosphate synthase in Eleusine indica conferring high-level glyphosate resistance. Plant Physiol, 167 (4): 1440-1447. doi: 10.1104/pp.15.00146.

Yu Q, Powles S B, 2014. Resistance to AHAS inhibitor herbicides: current understanding. Pest Manag Sci, 70 (9): 1340-1350. doi: 10.1002/ps.3710.

Zafar K, Khan M Z, Amin I, et al., 2020. Precise CRISPR-Cas9 Mediated Genome Editing in Super Basmati Rice for Resistance Against Bacterial Blight by Targeting the Major Susceptibility Gene. Front Plant Sci, 11: 575. doi: 10.3389/fpls.2020.00575.

Zeng X, Luo Y, Vu N T Q, et al., 2020. CRISPR/Cas9-mediated mutation of OsSWEET14 in rice cv. Zhonghua11 confers resistance to Xanthomonas oryzae pv. oryzae without yield penalty. BMC Plant Biol, 20 (1): 313. doi: 10.1186/s12870-020-02524-y.

Zetsche B, Gootenberg J S, Abudayyeh O O, et al., 2015. Cpf1 is a single RNA-guided endonuclease of a class 2 CRISPR-Cas system. Cell, 163 (3): 759-771. doi: 10.1016/j.cell.2015.09.038.

Zhang H, Si X, Ji X, et al., 2018. Genome editing of upstream open reading frames enables translational control in plants. Nat Biotechnol, 36 (9): 894-898. doi: 10.1038/nbt.4202.

Zhang H, Zhang J, Wei P, et al., 2014. The CRISPR/Cas9 system produces specific and homozygous targeted gene editing in rice in one generation. Plant Biotechnol J, 12 (6): 797–807. doi: 10.1111/pbi.12200.

Zhang J, Augustine R C, Suzuki M, et al., 2021. The SUMO ligase MMS21 profoundly influences maize development through its impact on genome activity and stability. PLoS Genet, 17 (10): e1009830. doi: 10.1371/journal.pgen.1009830.

Zhang J, Feng C, Su H, et al., 2020. The Cohesin Complex Subunit ZmSMC3 Participates in Meiotic Centromere Pairing in Maize. Plant Cell, 32 (4): 1323–1336. doi: 10.1105/tpc.19.00834.

Zhang J, Zhang H, Srivastava A K, et al., 2018. Knockdown of Rice MicroRNA166 Confers Drought Resistance by Causing Leaf Rolling and Altering Stem Xylem Development. Plant Physiol, 176 (3): 2082–2094. doi: 10.1104/pp.17.01432.

Zhang J, Zhang X, Chen R, et al., 2020. Generation of Transgene-Free Semidwarf Maize Plants by Gene Editing of Gibberellin-Oxidase20-3 Using CRISPR/Cas9. Front Plant Sci, 11: 1048. doi: 10.3389/fpls.2020.01048

Zhang M, Liu Q, Yang X, et al., 2020. CRISPR/Cas9-mediated mutagenesis of Clpsk1 in watermelon to confer resistance to Fusarium oxysporum f.sp. niveum. Plant Cell Rep, 39 (5): 589–595. doi: 10.1007/s00299-020-02516-0.

Zhang R, Chen S, Meng X, et al., 2021. Generating broad-spectrum tolerance to ALS-inhibiting herbicides in rice by base editing. Sci China Life Sci, 64 (10): 1624–1633. doi: 10.1007/s11427-020-1800-5.

Zhang R, Liu J, Chai Z, et al., 2019. Generation of herbicide tolerance traits and a new selectable marker in wheat using base editing. Nat Plants, 5 (5): 480–485. doi: 10.1038/s41477-019-0405-0.

Zhang S, Wu S, Niu C, et al., 2021. ZmMs25 encoding a plastid-localized fatty acyl reductase is critical for anther and pollen development in maize. J Exp Bot, 72 (12): 4298–4318. doi: 10.1093/jxb/erab142.

Zhang S, Zhang R, Gao J, et al., 2021. CRISPR/Cas9-mediated genome editing for wheat grain quality improvement. Plant Biotechnol J, 19（9）: 1684-1686. doi: 10.1111/pbi.13647.

Zhang Y, Li S, Li R, et al., 2024. Advances in application of CRISPR-Cas13a system. Front Cell Infect Microbiol, 14: 1291557. doi: 10.3389/fcimb.2024.1291557.

Zhang Y, Qi Y, 2019. CRISPR enables directed evolution in plants. Genome Biol, 20（1）: 83. doi: 10.1186/s13059-019-1693-4.

Zhang Z, Ge X, Luo X, et al., 2018. Simultaneous Editing of Two Copies of Gh14-3-3d Confers Enhanced Transgene-Clean Plant Defense Against Verticillium dahliae in Allotetraploid Upland Cotton. Front Plant Sci, 9: 842. doi: 10.3389/fpls.2018.00842.

Zhao B, Xu M, Zhao Y, et al., 2022. Overexpression of ZmSPL12 confers enhanced lodging resistance through transcriptional regulation of D1 in maize. Plant Biotechnol J, 20（4）: 622-624. doi: 10.1111/pbi.13787.

Zhao H, Qin Y, Xiao Z, et al., 2020. Loss of Function of an RNA Polymerase III Subunit Leads to Impaired Maize Kernel Development. Plant Physiol, 184（1）: 359-373. doi: 10.1104/pp.20.00502.

Zhao L, Qiu M, Li X, et al., 2022. CRISPR-Cas13a system: A novel tool for molecular diagnostics. Front Microbiol, 13: 1060947. doi: 10.3389/fmicb.2022.1060947.

Zheng N, Li T, Dittman J D, et al., 2020. CRISPR/Cas9-Based Gene Editing Using Egg Cell-Specific Promoters in Arabidopsis and Soybean. Front Plant Sci, 11: 800. doi: 10.3389/fpls.2020.00800.

Zhong Y, Chen B, Wang D, et al., 2022. In vivo maternal haploid induction in tomato. Plant Biotechnol J, 20（2）: 250-252. doi: 10.1111/pbi.13755.

Zhong Y, Liu C, Qi X, et al., 2019. Mutation of ZmDMP enhances haploid induction in maize. Nat Plants, 5（6）: 575-580. doi: 10.1038/s41477-019-0443-7.

Zhong Y, Wang Y, Chen B, et al., 2022. Establishment of a dmp based maternal haploid induction system for polyploid Brassica napus and Nicotiana tabacum. J Integr Plant Biol, 64 (6): 1281-1294. doi: 10.1111/jipb.13244.

Zhou J, Peng Z, Long J, et al., 2015. Gene targeting by the TAL effector PthXo2 reveals cryptic resistance gene for bacterial blight of rice. Plant J, 82 (4): 632-43. doi: 10.1111/tpj.12838.

Zhou J, Xin X, He Y, et al., 2019. Multiplex QTL editing of grain-related genes improves yield in elite rice varieties. Plant Cell Rep, 38: 475-485. https://doi.org/10.1007/s00299-018-2340-3

Zhou J, Yin L, Dong Y, et al., 2020. CRISPR-Cas13a based bacterial detection platform: Sensing pathogen Staphylococcus aureus in food samples. Anal Chim Acta, 1127: 225-233. doi: 10.1016/j.aca.2020.06.041.

Zhou Y, Bravo J P K, Taylor H N, et al., 2021. Structure of a type IV CRISPR-Cas ribonucleoprotein complex. iScience, 24 (3): 102201. doi: 10.1016/j.isci.2021.102201.

Zong Y, Song Q, Li C, et al., 2018. Efficient C-to-T base editing in plants using a fusion of nCas9 and human APOBEC3A. Nat Biotechnol, 36, 950-953. doi: 10.1038/nbt.4261.

Zhou Y, Xu S, Jiang N, et al., 2022. Engineering of rice varieties with enhanced resistances to both blast and bacterial blight diseases via CRISPR/Cas9. Plant Biotechnol J, 20 (5): 876-885. doi: 10.1111/pbi.13766.

Zhu X G, Zhu J K, 2021. Precision genome editing heralds rapid de novo domestication for new crops. Cell, 184 (5): 1133-1134. doi: 10.1016/j.cell.2021.02.004.

Zhu Y, Lin Y, Chen S, et al., 2019. CRISPR/Cas9-mediated functional recovery of the recessive rc allele to develop red rice. Plant Biotechnol J, 17 (11): 2096-2105. doi: 10.1111/pbi.13125.

Zong Y, Liu Y, Xue C, et al. An engineered prime editor with enhanced editing efficiency in plants. Nat Biotechnol. 2022 Sep; 40 (9): 1394-1402. doi: 10.1038/s41587-022-01254-w.

Zong Y, Song Q, Li C, et al., 2018. Efficient C-to-T base editing in plants using a fusion of nCas9 and human APOBEC3A. Nat Biotechnol, doi: 10.1038/nbt.4261.

Zsögön A, Čermák T, Naves E R, et al., 2018. De novo domestication of wild tomato using genome editing. Nat Biotechnol, doi: 10.1038/nbt.4272.